Bioscopia

... und Biologie wird zum Abenteuer

HEUREKA-Klett Softwareverlag GmbH, Stuttgart

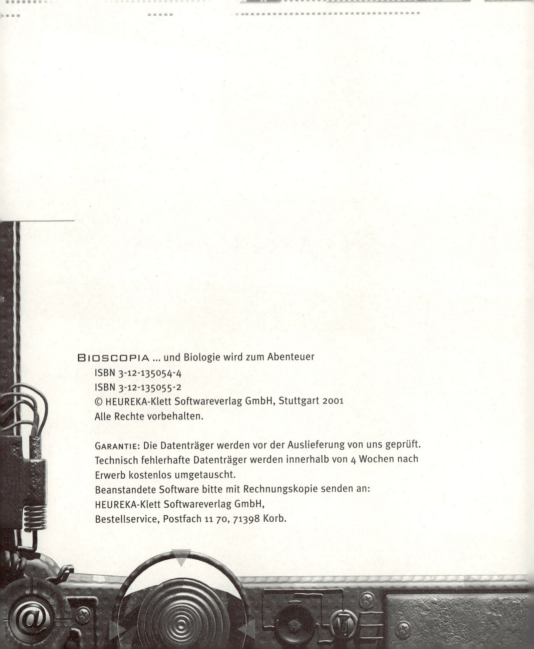

BIOSCOPIA ... und Biologie wird zum Abenteuer
ISBN 3-12-135054-4
ISBN 3-12-135055-2
© HEUREKA-Klett Softwareverlag GmbH, Stuttgart 2001
Alle Rechte vorbehalten.

GARANTIE: Die Datenträger werden vor der Auslieferung von uns geprüft. Technisch fehlerhafte Datenträger werden innerhalb von 4 Wochen nach Erwerb kostenlos umgetauscht.
Beanstandete Software bitte mit Rechnungskopie senden an:
HEUREKA-Klett Softwareverlag GmbH,
Bestellservice, Postfach 11 70, 71398 Korb.

Inhaltsverzeichnis

- ... und Lernen wird zum Abenteuer — 4
- Systemvoraussetzungen — 5
- Installation — 6
- Starten von BIOSCOPIA — 7
- Programmeinstellungen — 8
  - Sichern eines Spielstands
  - Laden eines Spielstands
  - Sprecher an/aus
  - Blenden einstellen
  - Lautstärke einstellen
  - Bildschirmhelligkeit einstellen
  - Beenden von BIOSCOPIA
- Die Geschichte von BIOSCOPIA — 10
- Spielnavigation — 12
  - Fortbewegung
  - Interaktion
  - Die Gegenstände in der Inventar-Box
  - Die Chip-Box
- Das Wissen von BIOSCOPIA — 14
  - Bigbrain
  - Hilfetexte
  - Videotools
  - Navigation im Lernteil
  - Die Rätsel
- Lernadventures – ein Abenteuer für die ganze Familie — 20
- Lust auf noch mehr Lernadventure? — 21
- Tipps und Tricks — 22
- Das Team von BIOSCOPIA — 23

... und Lernen wird zum Abenteuer

Mit unseren Lernadventures machen wir das fast Unmögliche wahr: Lernen mit Spaß und Spannung. Oder umgekehrt: ein spannendes Spiel und nebenbei gibt's jede Menge lehrreiche Erfahrungen. Egal von welcher Seite Sie's anpacken, die einzigartige Verbindung von Elementen aus der Welt der Spiele und der Lernsoftware wird auch Sie begeistern.

Als Spieler schlüpfen Sie in einem Lernadventure in die Rolle des Helden. Dieser erlebt eine Geschichte und wird auf seiner Mission mit mehr oder weniger schwierigen Herausforderungen und Rätseln konfrontiert. Erst deren Lösung macht den weiteren Weg frei. Mit dem Erreichen des nächsten Levels ist nicht nur der virtuelle Held besser ausgestattet, auch der Spieler wird erfahrener und beginnt Stück für Stück die Zusammenhänge jener Welt, durch die er sein elektronisches Pendant bewegt, zu verstehen. Am Ende, nach Lösung aller Rätsel, ist das Adventure «geknackt» – der Spieler hat die Welt gerettet, den bösen Wissenschaftler unschädlich gemacht oder die Prinzessin befreit. Das ganz Spezielle an den Lernadventures ist nun, dass zum erfolgreichen Bestehen der Mission nicht nur Kombinationsgabe und Logik nötig sind, Wissen ist der Schlüssel zum Erfolg.

Doch keine Angst, niemand wird mit den Rätseln allein gelassen, jederzeit kann auf die umfangreichen Lerninhalte zugegriffen werden. Dort stehen jede Menge Informationen zur Verfügung, didaktisch und anschaulich aufbereitet, ganz im Zeichen von Praxisnähe und Allgemeinwissen. Wenn es nun gelingt, das neu erworbene Wissen in die Tat umzusetzen kann das Abenteuer weiter gehen – und die Welt gerettet werden!

Systemvoraussetzungen

- PC
  - 233 Mhz Pentium Prozessor II
  - SVGA-kompartible Grafikkarte
  - Windows 98/ME/NT/2000 Betriebssystem
  - 64 MB RAM Hauptspeicher
  - 120 MB freie Festplattenkapazität
  - 32 bit Farbtiefe bei 800x600 Auflösung
  - 8-fach CD-ROM-Laufwerk bzw.
  - 12-fach DVD-ROM-Laufwerk
  - Windows kompatible Soundkarte
  - Quicktime 4.0 [mitgeliefert]

- MACINTOSH
  - 233 Mhz PowerPC ab G3
  - 8.1 Betriebssystem oder höher
  - 64 MB RAM Hauptspeicher
  - 120 MB freie Festplattenkapazität
  - 32 bit Farbtiefe bei 800x600 Auflösung
  - 8-fach CD-ROM-Laufwerk bzw.
  - 12-fach DVD-ROM-Laufwerk
  - System 8.1 oder höher
  - Quicktime 4.0 [mitgeliefert]

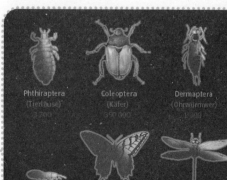

Installation

Legen Sie zur Installation bitte die CD-ROM BIOSCOPIA 1 bzw. die DVD-ROM BIOSCOPIA in Ihr Laufwerk und lassen Sie sich den Inhalt des Datenträgers anzeigen. Unter Windows öffnen Sie dazu den Explorer, unter Mac doppelklicken Sie das CD-Symbol oder DVD-Symbol auf dem Schreibtisch.

Beenden Sie bitte vor der Installation alle anderen Programme. Ein Doppelklick auf das Programm SETUP.EXE (für CD-ROM) startet das Installationsprogramm. Bei der DVD-ROM starten Sie SETUP_WIN.EXE für PC, SETUP_MAC für Mac. Folgen Sie den dort gezeigten Anweisungen. Die Installation erfordert ca. 120 MB freien Festplattenspeicher.

Bioscopia benötigt QUICKTIME 4.0. Sollte es auf Ihrem Rechner fehlen, so wird dies angezeigt und auf Wunsch wird Quicktime automatisch installiert.

Bioscopia wird unter Windows im Verzeichnis C:\PROGRAMME\HEUREKA\BIOSCOPIA installiert, zusätzlich befindet sich das Icon im Startmenü in der Programmgruppe HEUREKA-KLETT\BIOSCOPIA. Unter Mac wird im Verzeichnis HEUREKA auf Ihrer Festplatte installiert. Im Verlauf der Installation haben Sie die Möglichkeit, ein anderes Verzeichnis für die Installation auszuwählen.

Alle Daten, die installliert werden, können mit der Deinstallation leicht wieder gelöscht werden. Klicken Sie dazu in der Programmgruppe HEUREKA-KLETT\BIOSCOPIA auf das Symbol BIOSCOPIA DEINSTALLATION.

Starten von Bioscopia

Nach Beenden der Installation wird BIOSCOPIA durch Doppelklick auf das Icon auf dem Schreibtisch oder auf das Icon in der Programmgruppe HEUREKA-KLETT\BIOSCOPIA gestartet. Legen Sie bitte vor Spielbeginn die CD-ROM BIOSCOPIA 2 bzw. die DVD-ROM ein.

Zu Beginn des Spiels können Sie wählen, ob Sie ein neues Spiel beginnen oder ein zuvor gespeichertes Spiel weiter spielen möchten. Außerdem können Sie auch ohne Spiel direkt in die Lernbereiche von BIOSCOPIA einsteigen.

Das Labor der Humanbiologie

Die Forscherin

Programmeinstellungen

In der rechten oberen Bildschirmecke befindet sich ein kleines, goldenes CD-Symbol. Wenn Sie auf dieses Symbol klicken, öffnet sich die Bildschirmmaske ÜBERSICHT, von der aus Sie verschiedene Einstellungen vornehmen können:

- SICHERN EINES SPIELSTANDS

    Möchten Sie Ihr Spiel an einer bestimmten Stelle sichern, so klicken Sie auf SPIEL SPEICHERN. Eine zunächst leere Liste wird angezeigt, in die Sie bis zu 20 verschiedene Spielstände sichern und auch überschreiben können. Klicken Sie einfach auf ein leeres Feld, um einen neuen Eintrag vorzunehmen. Oder klicken Sie auf einen vorhandenen Eintrag, um diesen zu überschreiben. Klicken Sie dann auf SICHERN. Ein anschließender Klick auf ZUR ÜBERSICHT und dort auf ZURÜCK ZUM SPIEL bringt Sie wieder im Spiel an die Stelle, an der Sie es zuvor verlassen hatten.

- LADEN EINES SPIELSTANDS

    Möchten Sie Ihr Spiel an einer zuvor gesicherten Stelle weiterspielen, so klicken Sie in der Übersicht auf SPIEL LADEN. Die Liste aller gesicherten Spielstände erscheint. Wählen Sie einen Spielstand aus und klicken Sie auf LADEN. Sofort gelangen Sie an die ausgewählte Stelle im Spiel.

- SPRECHER AN/AUS

    Durch Klick auf den Punkt neben JA oder NEIN können Sie den Sprecher in den Lernteilen ausschalten. Der Text wird dann nicht mehr vorgelesen.

- **BLENDEN EINSTELLEN**

    Um die Blenden zwischen den einzelnen Bildern an- oder auszuschalten, klicken Sie auf die entsprechende Markierung. Wenn Sie die Blenden ausschalten, beschleunigt dies zwar vor allem bei langsameren Rechnern den Bildwechsel, man verliert jedoch den Effekt der weichen Übergänge.

- **LAUTSTÄRKE EINSTELLEN**

    Durch Klicken und Ziehen der kleinen Pfeilsymbole auf der Lautstärkeskala können Sie die Lautstärke aller Musiken, Geräusche und Sprecher von Bioscopia pauschal einstellen.

- **BILDSCHIRMHELLIGKEIT EINSTELLEN**

    Stellen Sie die Helligkeit und den Kontrast Ihres Monitors bitte so ein, dass Sie auf dem «Graukeil» alle Helligkeitsstufen gut erkennen können.

- **BEENDEN VON BIOSCOPIA**

    Klicken Sie in der Übersicht einfach auf BIOSCOPIA BEENDEN. Vergessen Sie nicht, vorher Ihren aktuellen Spielstand zu sichern.

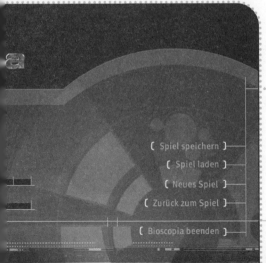

Schaltfläche für die Programmeinstellungen

Die Geschichte von Bioscopia

Es war einmal in ferner Zukunft an einem geheimen Ort in den Bergen...

In der Forschungsstation Bioscopia wurden Versuche durchgeführt, Maschinen durch genetische und molekulare Manipulationen mit künstlicher Intelligenz zu versehen. Roboter mit menschlichen Zügen sollten erschaffen und anschließend versklavt werden.

Die Versuche gerieten allerdings außer Kontrolle. Durch eine Reihe unglücklicher Unfälle gelang es den Robotern die Macht über die Forscherinnen und Forscher zu ergreifen. Aufzeichnungen über das, was geschah, konnten gerettet werden, die Forschungsergebnisse wurden allerdings zerstört. Die Maschinen waren kurz davor die Herrschaft zu übernehmen.

Den Menschen blieb nur die Flucht. Einem besonders mutigen Laboranten ist es zu verdanken, dass dem Vormarsch der Roboter ein jähes Ende bereitet wurde. Er setzte den Hauptreaktor außer

Der Bioreaktor

Vorsicht vor den Robotern!

Kraft, bevor sich die Roboter mit der notwendigen Energie versorgen konnten um Bioscopia zu verlassen. Er schuf sich damit jedoch sein eigenes Heldengrab.

Die junge Wissenschaftlerin ist Jahre später auf der Suche nach dem Geheimnis, das Bioscopia umgibt. Sie betritt die Station und löst durch ein Ungeschick eine Kettenreaktion aus. Die durch die Notbatterien gespeisten Portale schließen sich und sperren sie ein. Sie schickt einen letzten Hilferuf per Funk über das Internet.

Jetzt ist es Ihre Aufgabe, die Wissenschaftlerin zu finden. Treten Sie in Kontakt mit ihr und befreien Sie sie aus ihrem dunklen Gefängnis! Aber Vorsicht, der kleinste Energieschub lässt Bioscopia wieder erwachen, und wer weiß, was die Forscher und Roboter damals hinterlassen haben ...

Der Botanik-Tower

Der Stromgenerator

Spielnavigation

- **FORTBEWEGUNG**

  Wenn Sie den Mauszeiger über den Bildschirm bewegen, so verwandelt er sich an vielen Stellen in verschiedene HANDZEICHEN: HANDZEICHEN dienen der Fortbewegung und geben die Richtung an, die Sie mit einem Klick einschlagen werden.

   · vorwärts gehen

   · rechts gehen

   · links gehen

   · rechts drehen

   · links drehen

   · umdrehen

   · hoch gehen

   · hinunter gehen

   · zurück gehen

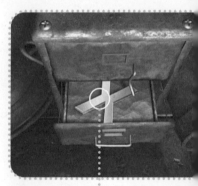

- **INTERAKTIONEN**

  Wenn Sie eine Interaktion ausführen können, zum Beispiel zum Öffnen einer Tür oder Schublade, verwandelt sich der Mauszeiger in eine kleine HAND. Wenn Sie jetzt klicken, wird die Aktion ausgeführt.

Inventar-Box (offen)

Inventar-Box (geschlossen)

- **Die Gegenstände in der Inventar-Box**
  An vielen Stellen können Sie Gegenstände einsammeln, die Sie später sinnvoll wieder einsetzen oder benutzen müssen. Das einfachste Beispiel ist ein Schlüssel, mit dem Sie eine Tür aufschließen können, um diese zu öffnen.
  Wenn sich ein Gegenstand mitnehmen lässt, so verwandelt sich bei gedrückter Maustaste die GEÖFFNETE HAND in eine GREIFENDE HAND. In dem Fall ziehen Sie bei gedrückter Maustaste den Gegenstand auf die INVENTAR-BOX, die sich automatisch öffnet. Legen Sie den Gegenstand in einem freien Bereich ab.
  Wenn Sie einen Gegenstand an einer bestimmten Stelle wieder einsetzen möchten, ziehen Sie ihn aus der INVENTAR-BOX einfach dorthin und lassen die Maus los. Haben Sie sich in der Stelle oder im Gegenstand getäuscht, rutscht er automatisch zurück in die INVENTAR-BOX.

- **Die Chip-Box**
  Viele der verschlossenen Türen und Tore lassen sich mithilfe einer ROTEN und später BLAUEN CHIPKARTE öffnen. Die Karte lässt sich zu diesem Zweck an sogenannten CHIP-BOXEN aufladen. Dazu müssen Fragen aus dem Wissensteil BIOSCOPIAS beantwortet werden. Antworten auf alle Fragen findet man natürlich im Zentralcomputer von BIOSCOPIA, auf den über die BIGBRAINS zugegriffen werden kann [siehe Lernteil].

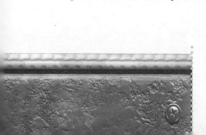

Chip-Box

Das Wissen in Bioscopia

Um zu dem wertvollen Wissen in BIOSCOPIA zu gelangen, müssen Sie ein sogenanntes BIG-BRAIN ansteuern, das an strategisch wichtigen Stellen im Spiel zu finden ist. Bei ROLLOVER über die einzelnen Felder erscheinen die fünf Hauptthemen der Biologie:

- ZOOLOGIE
- ZELLBIOLOGIE
- BOTANIK
- GENETIK
- MENSCHENKUNDE

Bei Klick auf eines der erleuchteten Felder erhalten Sie den jeweiligen Inhalt. Die Inhaltspunkte der Hauptthemen können Sie von hier aufrufen, oder Sie klicken einfach nochmal auf das erleuchtete Feld und gelangen auf den jeweils ersten Inhaltspunkt des gewählten Hauptthemas. Um den Lernteil zu verlassen, klicken Sie auf das orange leuchtende BIOSCOPIA-Symbol in der rechten unteren Ecke des BIGBRAINS.

Der Monitor des BigBrains

BigBrain ist der Zentralcomputer von Bioscopia, auf dem die Forschungsergebnisse und auch das Wissen gespeichert sind. Klicken Sie auf den Monitor des BigBrains, so sehen Sie einen grafischen Lageplan von Bioscopia.

GELBER PFEIL links oben unter dem Hauptthema-Schriftzug: öffnet die Übersicht der Unterthemen, die von hier aus angesteuert werden können.

- HILFETEXTE
  An manchen Stellen erscheinen am unteren Bildrand kurze Hilfetexte, die, falls eine Aktion möglich ist, näher beschreiben, was zu tun ist.

- **VIDEOTOOLS**
  Um einen Film zu starten, klicken Sie auf das PLAYTOOL, den einfachen Pfeil nach rechts. Sie können den Film mit den Doppelpfeilen auch vor- und zurückspulen, oder mit dem Schieberegler selbst bewegen und so genau bestimmen, was Sie sehen möchten.

- **NAVIGATION IM LERNTEIL**
  Einfacher Pfeil rechts – eine Seite weiter
  Einfacher Pfeil links – eine Seite zurück
  Pfeil mit senkrechtem Strich links – ein Kapitel zurück
  Pfeil mit senkrechtem Strich rechts – ein Kapitel weiter
  Kreissymbol links neben den Pfeilen – zur Auswahlseite der Hauptthemen

DIE RÄTSEL

In BIOSCOPIA stecken viele geheimnisvolle Rätsel und Aufgaben. Bei manchen zählt die Logik, alle anderen Knobeleien haben etwas mit Biologie zu tun. Um das Spiel zu knacken und die Wissenschaftlerin zu befreien müssen Sie daher eine Menge Mut, aber auch eine gehörige Portion Wissen anwenden.

Ein Schleusenmechanismus im Tierforschungszentrum

Das Wissen von Bioscopia

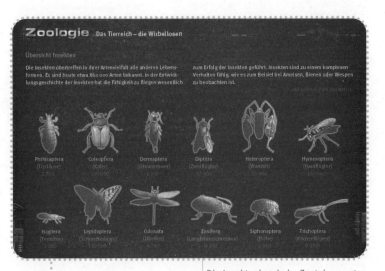

Die Insektenkunde im Zentalcomputer

Stoßen Sie zum Beispiel auf ein eigenartiges Gerät mit Schaltern, Knöpfen und Reglern, so können Sie davon ausgehen, dass sich hinter dieser Maschinerie ein biologisches Rätsel verbirgt.

Auch Gegenstände, die Sie sammeln und richtig anwenden müssen, haben oft eine Bedeutung, die mit Lerninhalten des Zentralcomputers von Bioscopia zusammenhängen.

Ein intensives Stöbern im lehrreichen Wissensteil bringt ganz sicher die Lösung zu den Aufgaben.

Lernadventures – ein Abenteuer für die ganze Familie

Gemeinsam knobeln und raten ist einfach spannender und meistens auch erfolgreicher als alleine. Das gilt auch für Computerspiele und genau so für unsere Lernadventures.

Vielleicht haben Sie ja als Mutter oder Vater dieses Lernadventure für Ihr Kind gekauft? Dann riskieren Sie doch mal einen Klick. Sie werden sehen, die Bedienung ist kinderleicht und Sie können sich sicher Einiges von Ihrem Kind erklären lassen. Vielleicht erinnern Sie sich ja noch an so manches Wissen aus Ihrer Schulzeit – und können so zur Lösung der Rätsel beitragen.

Aber auch wenn Sie als Jugendlicher die Software selbst gekauft haben, zeigen Sie doch mal Ihren Freunden oder auch den Eltern oder Großeltern, womit Sie sich beschäftigen. Die werden erstaunt sein, dass es auch Spiele gibt, die ohne Ballern auskommen und trotzdem spannend sind. Manche Rätsel sind ganz schön knifflig, da hilft es wenn andere mitdenken. Und auch beim Durchsuchen von Räumen gilt: vier (und mehr) Augen sehen mehr als zwei.

Falls für mehrere Spieler nur ein PC in der Familie vorhanden ist – es können problemlos unterschiediche Spielstände gesichert werden.

In diesem Sinne, viel Glück bei Ihrer gemeinsamen Mission!

Lernadventures für die ganze Familie

Lust auf noch mehr Lernadventures?

Für alle Freunde spannender Lernadventures gibt es hier Nachschub:

CHEMICUS
... UND CHEMIE WIRD ZUM ABENTEUER
CD-ROM für Mac/Windows
ISBN 3-12-135060-9
DVD-ROM für Mac/Windows
ISBN 3-12-135061-7

PHYSIKUS
... UND PHYSIK WIRD ZUM ABENTEUER
CD-ROM für Mac/Windows
ISBN 3-12-135051-X
DVD-ROM für Mac/Windows
ISBN 3-12-135053-6

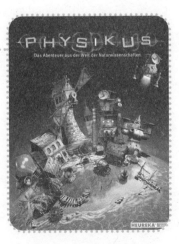

Tipps und Tricks

Erforschen Sie alle Szenen sehr genau, damit Sie versteckte Hinweise und Gegenstände nicht übersehen.

Nicht alle Türen in BIOSCOPIA lassen sich öffnen. Manche wurden von den Robotern versperrt. Die meistens Türen jedoch können mithilfe der ROTEN CHIPKARTE geöffnet werden. Diese muss dazu vorher aufgeladen werden. Später benötigt man eine BLAUE CHIPKARTE. Mit dieser können außer den Türen zusätzlich auch die schweren Tore geöffnet werden. Die ROTE KARTE verschwindet dann, da sie nicht mehr gebraucht wird.

Wenn Sie mit der Maus über die Gegenstände in der INVENTAR-BOX rollen, erscheint am oberen Bildschirmrand eine Erklärung. Sie soll Ihnen einen kleinen Denkanstoß geben, wo der Gegenstand einzusetzen ist.

Bitte beachten Sie die LIESMICH-DATEI und die HOTLINE-DATEI, die mit dem Produkt installiert werden. Die LIESMICH-DATEI gibt Tipps für eventuelle technische Probleme. Die HOTLINE-DATEI enthält eine nützliche Checkliste für den Kontakt mit dem KLETT HOTLINE-SERVICE. Beide Dateien können auch direkt von der CD-ROM oder DVD-ROM gestartet werden, falls es Schwierigkeiten bei der Installation gibt.

Falls Sie weitere Hilfe brauchen: TECHNISCHE HOTLINE
FON 0711-6672-1163
Montag bis Samstag 7-22 Uhr
FAX 0711-6672-2011
E-MAIL klett-hotline@klett-mail.de
INTERNET www.HEUREKA-Klett.de

DIE BIOSCOPIA SPIELE-HELPLINE
FON 0190-5510300 (DM 1,21 pro Minute)
Montag bis Samstag 7-22 Uhr

Das Team von Bioscopia

IDEE UND REALISATION
Ruske & Pühretmaier
Edutainment GmbH, Wiesbaden
www.edutainment.de
rupue@edutainment.de

CREATIVE DIRECTION 2D
PROJEKTLEITUNG LERNTEIL
Anita Pühretmaier

PROJEKTMANAGEMENT
Axel Ruske

STORYLINE SPIELTEIL
ARTDIRECTION, 2D-DESIGN
Stefan Winter
[Projektleitung Spielteil]
Dirk Brömmel

CHARAKTERANIMATION
FINAL TOUCH
CREATIVE DIRECTION 3D
Igor Posavec

ARTDIRECTION/ANIMATION 2D
Susanne Schwalm
Natalie Dümmler
Nicoletta Gerlach
Katja Rickert
Victoria Sarapina [Print]

3D-DESIGN UND ANIMATION
Daniel Koslowski
[Außenbereiche]
Heekyung Reimann
Stefan Swoboda
Fikret Yildirim
Katja Maljevic [Junior 3d]

MUSIK
Andre Abshagen
Achim Treu

PROGRAMMIERUNG
Lingoliers/Stephan Dick

SOUNDEFFEKTE
M.U.K.E. / Marc Ruske
Jörg Maier-Rothe

SPRECHER DER LERNTEILE
Joachim Pütz
PRODUKTION
Acoustic Department

SPRECHERIN INTRO/EXTRO
Barbara Huber
PRODUKTION db Media

PRODUKTMANAGEMENT
HEUREKA-Klett Softwareverlag
Sonja Schwenger

ORGANISATION TESTING
HEUREKA-Klett Softwareverlag
Jennifer Hocke

INHALTLICHE ERARBEITUNG
DES LERNTEILS
Dr. Jutta Metzger

FACHBERATUNG
Dr. Irmtraut Beyer

Klett Hotline-Service • Checkliste für Ihren Kontakt mit uns

Stand: 01. 08. 01

Der Klett Hotline-Service bietet Ihnen schnelle Hilfe bei technischen Problemen mit unseren Lernprogrammen. Damit wir Ihre Fragen umfassend beantworten können, benötigen wir einige Informationen zu Ihrer PC-Ausstattung und zum aufgetretenen Problem. Diese Checkliste soll Ihnen dabei helfen.

So erreichen Sie uns:
- Telefon: 0711 - 6672-1163 Montag bis Samstag 07.00 - 22.00 Uhr
- Fax: 0711 - 6672-2011
- eMail: klett-hotline@klett-mail.de
- Post: Ernst Klett Verlag • Hotline-Service • Postfach 10 60 16 • 70049 Stuttgart

Bitte tragen Sie Ihre Antworten in das Formular ein bzw. markieren Sie die zutreffenden Angaben, drucken Sie es aus und rufen Sie uns an, oder senden Sie uns die Checkliste per Post, Fax oder eMail.
Vielen Dank für Ihre Mithilfe!

Checkliste

Name, Vorname:

Straße:

Postleitzahl/Ort:

Telefon: Fax:

eMail:

Klett-Kundennummer:

Produktinformation

Titel Ihrer Klett-Software:

Versions-, Bestellnummer:

Wortlaut der Fehlermeldung/Beschreibung des Fehlers:

(Tipp für Windows 95/98: Klicken Sie bei Auftauchen der Fehlermeldung auf „Details". Markieren Sie den gesamten Meldetext mit der linken Maustaste. Kopieren Sie den markierten Text (rechte Maustaste). Öffnen Sie diese Datei HOTLINE.TXT und fügen Sie den Meldetext (rechte Maustaste) ein:)

Wann ist der Fehler aufgetreten?
(Installation, Programmstart, Programmablauf, Beenden des Programms, Drucken, Sonstiges?)

Hardware: Prozessor: ❏ 486   ❏ Pentium _____   ❏ Sonstige _____

Betriebssystem: (Bitte bei Windows Versionsnummer angeben)
❏ DOS   ❏ Win _____   ❏ Linux   ❏ AppleMAC
❏ Sonstige _____

Soundkarte (Hersteller/Typ):

Grafikkarte (Hersteller/Typ):

CD-ROM-Laufwerk:

Sonstige Hardwarekomponenten:

Speicher: Hauptspeicher: _____ MB RAM

Besondere Softwarekomponenten oder andere Desktop-Programme:

Antivirenprogramm (Hersteller/Version):

Inhalt der Autostart-Gruppe:
(Win 95/98 Einträge in der Autostart-Gruppe können Sie sich über das Menü START - PROGRAMME - Autostart anzeigen lassen; Win3.x Sie können sich Einträge über Programm-Manager - Autostart anzeigen lassen)

Sonstige Bemerkungen:

Alle Schulfächer im Überblick

Die passende Lernsoftware zum gewünschten Fach.

Englisch	Alter	Klasse/Lernjahr	Seite
Clever lernen: Diktat Englisch	ab 11	2./3. Lernjahr	24
Englisch für Kids	ab 7		41
Oberstufe Englisch	Jugdl., Erw.	ab 11. Klasse	27
PONS Business!	Erw.		34
PONS PC-Sprachtraining Englisch	Jugdl., Erw.	ab 1. Klasse	34
PONS Lexiface global	Erw.		35
PONS Lexiface compact	Erw.		35
Take-Reihe	10-12	1.-3. Lernjahr	40
PONS Vokabeltrainer	10-16	1.-6. Lernjahr	36-37
Grammatiktrainer	10-16	1.-6. Lernjahr	28-33

Französisch	Alter	Klasse/Lernjahr	Seite
Clever lernen: Diktat Französisch	ab 13	2./3. Lernjahr	24
Französisch für Kids	ab 7		41
Oberstufe Französisch	Jugdl., Erw.	ab 11. Klasse	27
Vokabeltrainer	12-16	1.-4. Lernjahr	28-33
Grammatiktrainer	12-16	1.-4. Lernjahr	28-33

Deutsch	Alter	Klasse/Lernjahr	Seite
Clever lernen: Deutsch Rechtschr. 8-14		3.-8. Klasse	20-21
Mein Grundschul-Abschluss	9	4. Klasse	25
Rechtschreibung 2000	Jugdl., Erw.		37

Weitere Sprachen	Alter	Klasse/Lernjahr	Seite
Clever lernen: Latinum 3.0	Jugdl., Erw.	ab 1. Lernjahr	19
Deutsch als Fremdsprache	Jugdl., Erw.		24
Italienisch zum Thema	Jugdl., Erw.	ab 3. Lernjahr	41
Spanisch zum Thema	Jugdl., Erw.	ab 2. Lernjahr	41

Mathematik	Alter	Klasse/Lernjahr	Seite
Blitzrechnen	ab 6	1.-4. Klasse	38
Clever lernen: Ali – der Mathemaster 2.0	10-16	5.-10. Klasse	17
Clever lernen: Cinderella	10-16	5.-10. Klasse	18
Clever lernen: Mathe lernen			
Schritt für Schritt	11-14	6.-9. Klasse	22-23
Der Schatz des Thales	ab 12		40
Mein Grundschul-Abschluss	9	4. Klasse	25
Oberstufe AbiTour Analysis	16-19	11.-13. Klasse	26
Rechenrabe	8-10	3./4. Klasse	41

Musik	Alter	Klasse/Lernjahr	Seite
Flöte spielen & Noten lernen	ab 7		15
Mozart on Tour	ab 12		14
Musica!	ab 10		14

Geografie und Geschichte	Alter	Klasse/Lernjahr	Seite
Centennia	Jugdl., Erw	ab 5. Klasse	41
Erlebnis Geschichte	Jugdl., Erw.		15
Kleiner Weltalmanach			39
Mit Alex auf Reisen	ab 8	ab 3. Klasse	39

Spannendes Lernen	Alter	Klasse/Lernjahr	Seite
Bioscopia	ab 12		4-5
Chemicus	ab 12		6-7
Die Abenteuer von Valdo & Marie	ab 9		10
Die Kosmicks	3-7		11
Kennst du...? – Quiz-Fun	ab 10	ab 5. Klasse	12-13
Kosmicks Party-Studio	5-10		11
Mean City	ab 12	ab 2. Lernjahr	11
Opera Fatal	ab 10		9
Physikus	ab 12		8
Sicher auf der Straße	ab 5		40

BIOSCOPIA

... und Biologie wird zum Abenteuer!

Die imposanten Bauten der Institute in Bioscopia sind schon längst verlassen.

Düstere Ecken, Büros und Geheimräume bergen so manchen Hinweis.

Eine junge Wissenschaftlerin wird in einer schon längst verlassenen Forschungsstation eingeschlossen. Der Spieler empfängt den Hilferuf des Mädchens... und macht sich auf die Suche, das Geheimnis um Bioscopia zu lüften.

Nur mit dem nötigen Wissen aus den Bereichen der Biologie, mit Mut, Logik und Kombinationsgabe gelingt die Mission: das eingeschlossene Mädchen aus den Fängen der intelligenten Roboter zu befreien. Das Acetylcholin-Schloss kann nur derjenige öffnen, der über die Vorgänge der Reizweitergabe Bescheid weiß. Der Zugang zu Labor 1 öffnet sich nur dann, wenn das Froschspiel erfolgreich absolviert wurde. Ein Pflanzenwelkmittel muss hergestellt werden und der GATC-Code wartet darauf, geknackt zu werden. Zum Glück bieten BigBrains, das sind riesige Hauptcomputer, jederzeit Zugang zur umfangreichen Wissensbasis.

Dort findet man schließlich nicht nur alle Informationen zum Entwicklungsstadium der Lurche, sondern man erfährt allerhand aus den Bereichen Humanbiologie, Zellbiologie, Genetik, Zoologie und Botanik. Wobei es schon sein kann, dass die Animationen zur Zellteilung, das Züchten von Antibiotika oder die Versuche zur Fotosynthese den Spieler länger fesseln als nötig. Kein Problem – das Abenteuer wartet so lange, in Bioscopia.

Lernadventure

Biologie

neu

Bioscopia – ein neues spannendes Lernadventure mit einer packenden Geschichte

Biologische Vorgänge begreifen, verstehen und spielerisch anwenden

Lernbereiche zu Humanbiologie, Zellbiologie, Genetik, Zoologie und Botanik

Atmosphärische Grafiken und detailreiche Gestaltung

Welche Nährstoffe brauchen Pflanzen zum Leben?

Erst wenn es gelingt, die Pflanze wieder aufzupäppeln, wird die Geheimschrift auf den Blättern sichtbar.

BIOSCOPIA (CD-ROM)
3-12-135054-4   DM 99,–   € 50,62

BIOSCOPIA (DVD-ROM)
3-12-135055-2   DM 99,–   € 50,62

ab 12 Jahre
erscheint Herbst 2001

Pentium 233 WIN 98/NT
64 MB RAM
System 8.1, 64 MB RAM

CHEMICUS

... und Chemie wird zum Abenteuer!

Auf der Suche nach einem verschollenen Freund gerät der Spieler zunächst in einen dunklen Keller, in dem schon die ersten Herausforderungen auf ihn warten. Der Ausgang führt nicht etwa zurück in die Wohnung des Freundes, sondern der Spieler befindet sich in einer gigantischen Stadt – in der Welt des Chemicus. Wurde der Freund entführt, befindet er sich im Gewächshaus oder wird er im goldenen Turm gefangen gehalten?

Immer auf der Suche nach Hinweisen wird der Spieler mit Fragen und Experimenten aus der Chemie konfrontiert. Die Duftschleuse lässt sich nur überlisten, wenn das richtige After-Shave hergestellt wurde. Doch dank des Kommunikators hat man jederzeit Zugriff auf einen gewaltigen Schatz an Wissen. Ob Oxidation oder Halogene, immer steht die Alltagschemie mit vertrauten Objekten und Substanzen im Vordergrund. So wird aus einer Wunderkerze und ein verstopfter Wasserhahn kann mit Zitronensaft entkalkt werden.

Zahlreiche Labors mit ihren Installationen warten auf experimentierfreudige Spieler, aber auch im Thermalbad, in der Arztpraxis und im Gaswerk sind Gegenstände und Hinweise versteckt. Die detailverliebten Gebäude und Landschaften in Chemicus bieten nicht nur eine experimentelle Erfahrung, sondern auch ein optisches Highlight.

Zunächst gilt es, sich in der gigantischen Stadt des Wissens zurecht zu finden.

In den Labors findet sich alles, was ein Chemiker so braucht, und manch skurriles Detail.

Ein Eisennagel muss verkupfert werden.

Das Thermalbad bietet nicht nur Entspannung, sondern auch knifflige Rätsel.

CHEMICUS (CD-ROM)
3-12-135060-9   DM 99,–
€ 50,62

CHEMICUS (DVD-ROM)
3-12-135061-7   DM 99,–
€ 50,62

ab 12 Jahre
erscheint Herbst 2001

Pentium 233 WIN 98/NT
32 MB RAM
System 8.1, 32 MB RAM

Chemicus – ein echtes
Lernadventure: Wissen als
Schlüssel zum Erfolg

Chemie alltagsnah und spektakulär erforschen und erleben

Lernbereiche zu Stoffen und Eigenschaften, Stoffveränderungen, Atombau, Elektrochemie, Säuren und Basen und organischer Chemie

Fantastische Szenerien und Effekte – ein optisches Highlight

neu

Chemie

Lernadventure

Wie kann ich mit dieser Konstruktion das Fass anheben?

Wie funktioniert der Flaschenzug? Einfach ausprobieren!

PHYSIKUS

... und Physik wird zum Abenteuer!

Die Welt steht still. Als junger Wissenschaftler empfange ich den Hilferuf meines Planeten und wage mich in die gigantische Welt des Physikus ...

Physikus ist mehr als ein Adventuregame: Der stillstehende Planet muss in Schwung gebracht werden, aber wie? Was fehlt, ist die notwendige Energie, um die Impulsmaschine zu zünden. Ohne Physik ist da nichts zu gewinnen. In der Faszination des Unbekannten tauchen plötzlich vertraute Objekte auf – wie im Leben! Kann mir der Flaschenzug helfen? Welchen Zweck hat ein Teleskop mit einer Sammellinse? Galileo Galilei hätte seine wahre Freude gehabt.

Verdammt – ich scheitere am rostigen Aufzug und an der Finsternis im Weinkeller. Jetzt beame ich mich in die Informationsebene. Dort wird mir vieles klar. Lebensnahe interaktive Experimente machen das gesamte Grundwissen der Mechanik, Optik, Akustik, Wärmelehre und Elektrizitätslehre begreifbar. Noch ein paar Watt Wissen und die Welt des Physikus beginnt sich wieder zu drehen ...

PHYSIKUS
3-12-135051-x   DM 99,–
                 € 50,62

PHYSIKUS (DVD-ROM)
3-12-135053-6   DM 99,–
                 € 50,62

ab Win 95, ab 16 bit High-Color

Lernadventure

Physik

ab 12 Jahre

„Mit ... Physikus wird Lernen zum Abenteuer."
Bewertung: sehr gut
Mac Magazin

„Sahnestückchen, Highlight, Quantensprung. Ein Muss."
Thomas Feibel
Kindersoftware-Ratgeber

OPERA FATAL

Vorhang auf für Opera Fatal, das multimediale Abenteuer aus der Welt der Musik! Musikfans und Computerspieler ab 10 Jahren schlüpfen in die Rolle des Maestros, dessen Noten für die Premiere verschwunden sind. Aber Vorsicht: Ein Widersacher ist im Spiel und das Opernhaus ein einziges Labyrinth voller Spuren, Rätsel und unlösbar erscheinender Aufgaben...

Wo sind die verschwundenen Noten? Überall gibt es Hinweise und rätselhafte Fragen rund ums Thema klassische Musik. Ob im Heizungskeller oder in der Künstlergarderobe – jeder noch so entlegene Winkel des Opernhauses kann ein Geheimnis oder einen Gegenstand preisgeben. Da ist Einfallsreichtum gefragt. Wer sich zu helfen weiß, geht in die Bibliothek: eine wahre Fundgrube! Opera Fatal, ein lehrreicher Nervenkitzel mit mysteriösen Effekten und Überraschungen, klangvollen Musikbeispielen und exzellent ausgearbeiteten Lernebenen zu Musiklehre, Epochen und Instrumenten.

OPERA FATAL
3-12-135042-0
€ DM 99,–
€ 50,62

OPERA FATAL englische Version
3-12-135046-3
€ DM 99,–
€ 50,62

System 7.02

Ob der entscheidende Hinweis wohl in der Kantine versteckt wurde?

Vom Instrumentenzimmer ist es nur ein Klick zur Instrumentenkunde.

Lernadventure

Musik

ab 10 Jahre

Das beliebte Lernadventure aus der Welt der Musik

„Eine prima Musiklehre... Alles ist liebevoll gestaltet, bis ins Detail... sehr empfehlenswert."
Die ZEIT

„Oper als Abenteuer – das ist Infotainment at it's best."
ZDF-Online

DIE ABENTEUER VON VALDO UND MARIE

In der Welt des 16. Jahrhunderts ereignet sich ein spannendes Abenteuer voller Rätsel: Der portugiesische Schiffsjunge Valdo überquert auf seinem Weg nach Japan die Ozeane. Die Abenteuerreise führt zu Küsten ferner Länder und vermittelt aufregende Einblicke in die Welt um 1580. Basierend auf historischen Logbüchern und Seefahrerberichten spielt die faszinierende Geschichte von Valdo und Marie. Im Logbuch des Kapitäns werden alle wichtigen Erlebnisse aufgezeichnet und können dort jederzeit nachgelesen werden. Das Zeitalter der Entdeckungen kann so auf spannende und unterhaltsame Weise weiter erforscht werden.

Doch welchen Ausgang wird die rätselhafte Geschichte von Valdo und Marie nehmen? Der Spieler hat es in der Hand: Abhängig von seinen Spielentscheidungen werden 9 verschiedene Möglichkeiten für das Ende erzählt. So wird die Neugier des Spielers immer wieder aufs Neue geweckt. Mehr als 40 verschiedene Charaktere, die ausgezeichneten Animationen und die exotischen Reiseziele sorgen bei diesem fesselnden Adventuregame für Unterhaltung auf höchstem Niveau – bei der ganzen Familie!

Lernadventure

> „Unterhaltsam und lehrreich, zu jeder Zeit spannend und abwechslungsreich..."
> *Südkurier*

> „Ein schön gezeichnetes und vielschichtiges Abenteuerspiel, das Kindern unterhaltsame Einblicke in die Seefahrt des 16. Jahrhunderts gibt."
> *Eltern for family*

**DIE ABENTEUER VON
VALDO UND MARIE**
3-12-132019-x   DM 69,–
€ 35,28

ab 9 Jahre

 Pentium 90

MEAN CITY

„Learn English have fun!"
Mit Sprachführer und Reisepass im Gepäck geht's nach Mean City zum ultimativen Nervenkitzel beim Englischlernen. Die Kombination aus Spiel- und Lernprogramm für alle, die ihre Englischkenntnisse unterhaltsam auffrischen möchten. Mitten in einer vertrackten Kriminalgeschichte wird „Survival Englisch" lebensnotwendig: Wie reserviere ich ein Hotel? Wo kann ich Geld wechseln? Wer das in Mean City nicht lernt, wird auch das Rätsel um die Jinx nicht lösen.
Die technisch exzellente Kombination aus Realvideos mit professionellen Schauspielern in einer Großstadt-Comic-Umgebung macht Mean City zum Augenschmaus.

MEAN CITY
Ab 2. Lernjahr
3-12-135048-x   DM 79,-
€ 40,39

20 MB HD
20 MB HD

DIE KOSMICKS

Das originelle und kreative Vorschul-Spiel: Gemeinsam mit der chaotischen Kosmick-Familie können schon die Kleinsten auf Schatzsuche gehen, jede Menge Rätsel lösen und urkomische Entdeckungen machen.
So fördern die vielfältigen Lernspiele das logische Denken, die räumliche Vorstellungskraft, die Beobachtungsgabe, die Reaktionsfähigkeit und vieles mehr.

DIE KOSMICKS
Eine großartige Schatzsuche mit 24 Lernspielen
3-12-132015-7   DM 69,-
€ 35,28

3 bis 7 Jahre

Pentium 120
16 MB RAM

KOSMICKS PARTY-STUDIO

Jetzt wird die Geburtstagsfeier zum Riesenerlebnis, denn Kosmicks Party-Studio ist ein vielseitiger und kreativer „Werkzeugkasten" mit mehr als 30 gestalterischen Aktivitäten. Damit können Kinder tolle Partys organisieren und gleichzeitig ihre Geschicklichkeit entfalten. Unterstützt werden die Kinder durch die chaotische Kosmick-Familie, so macht schon das Programm einen Superspaß – da ist beste Laune garantiert!

KOSMICKS PARTY-STUDIO
3-12-132036-5   DM 49,-
€ 25,05

5 bis 10 Jahre

Win 95/98
Pentium 100, Drucker

Lernadventure

Englisch

„Mit Mean City wird jeder fit in Survival-Englisch."
ZDF Morgenmagazin

Kreativität

„Ein rundum gelungenes, abwechslungsreiches und unterhaltsames Lernspiel."
Eltern for family

Lern-Quiz

ab 10 Jahre

„Fetzig und flott."
Thomas Feibel
Kindersoftware-Ratgeber

„Ebenso abwechslungsreich wie die Fragen kommt die grafische Darstellung mit detailreichen Illustrationen und witzigen Animationen daher."
Stern online

KENNST DU ... DEUTSCHLAND?
... EUROPA?
... DIE WELT?

Die neue Reihe für unersättliche Quiz-Spiel-Fans, ob klein ob groß – wer sich auskennt, hat hier Chancen! Ob in Deutschland, Europa oder der ganzen Welt – jeweils 18 prallvolle Fragenpakete drehen sich um das, was jeder wissen sollte!

Aber aufgepasst, hier geht's nicht nur um Stadt, Land oder Fluss! Echte Profis kennen sich auch bei Währungen, Dialekten, Hymnen oder Spezialitäten aus. Nur wer Bescheid weiß und Punkte sammelt, kommt zur Belohnung auf einer „Länderreise der Merkwürdigkeiten" eine Station weiter. Alles, was da gezeigt wird, ist unglaublich, aber wahr!

Vom Euro bis zu Pippi Langstrumpf, vom Oktoberfest bis zur Europäischen Union – weit mehr als 500 Fragen stellen die Quiz-Spieler auf die Probe. Und wer mehr als die richtige Antwort wissen will, bekommt per Mausklick jede Menge Infos.
Das abschließende Master-Quiz erreichen nur die echten Kenner – und wer's schafft, wird zum Champion gekürt.

- **der Quizspaß für die ganze Familie**
- **spielerisch lernen, was jeder wissen sollte**
- **mehr als 500 aufwändig illustrierte Fragen zu jedem Quiz**

KENNST DU DEUTSCHLAND?
ab 10 Jahre
3-12-131753-9

DM 69,–
€ 35,28

KENNST DU EUROPA?
ab 11 Jahre
3-12-131754-7

DM 69,–
€ 35,28

KENNST DU DIE WELT?
ab 12 Jahre
3-12-131755-5

DM 69,–
€ 35,28

Pentium 166, ab Win 95, 32 MB RAM System 8.5, 32 MB RAM

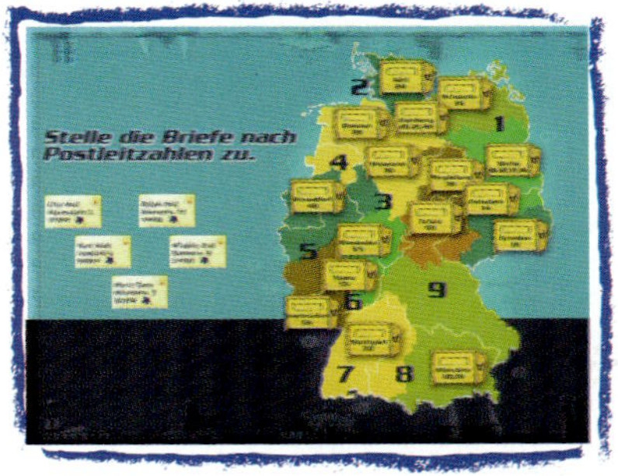

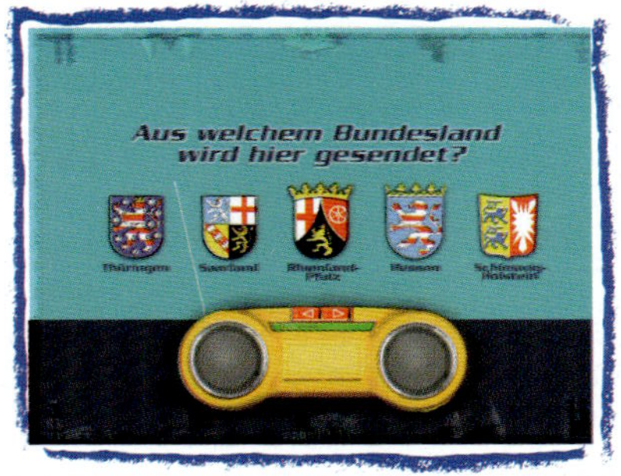

Stelle die Briefe nach Postleitzahlen zu.
Die witzige Gestaltung macht den Quiz-Spaß perfekt.

Aus welchem Bundesland wird hier gesendet?
Thüringen
Saarland
Rheinland-Pfalz
Hessen
Schleswig-Holstein
Wer Dialekte erkennen will, muss die Ohren spitzen!

Setze die Bundesrepublik Deutschland wieder zusammen!
Wer stellt die Einheit wieder her?

Welche EU-Mitglieder sind von Anfang an an der Währungsumstellung beteiligt?
Wer macht mit beim Euro?

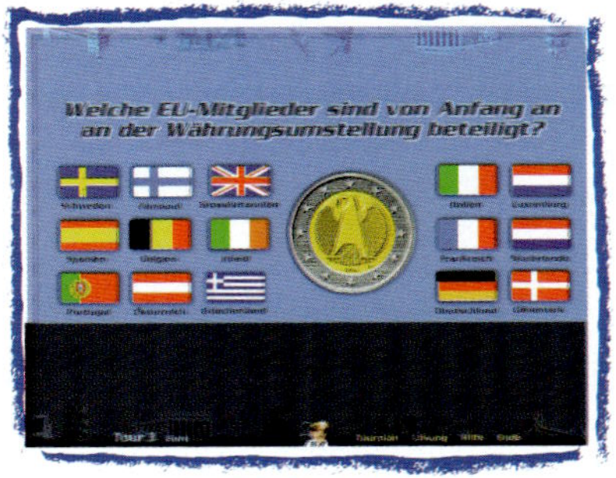

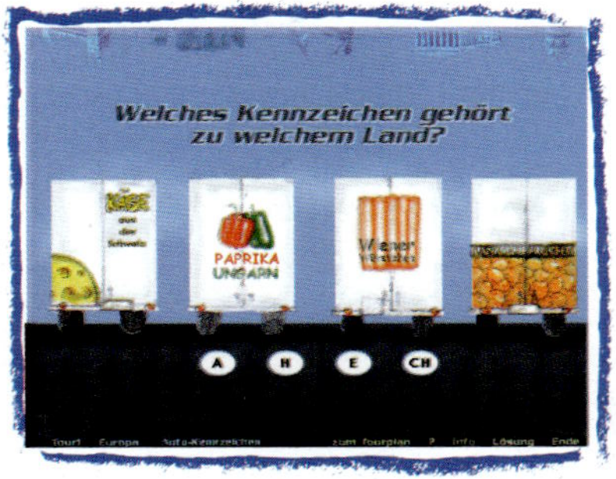

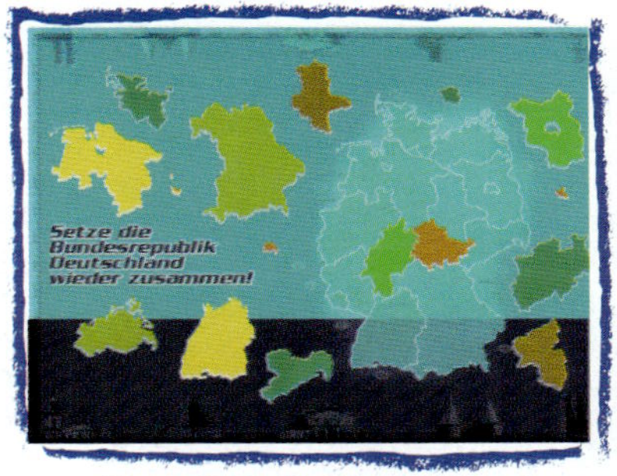

Welches Kennzeichen gehört zu welchem Land?
PAPRIKA UNGARN
A
H
E
CH
Wer bringt den Lastwagen ans richtige Ziel?

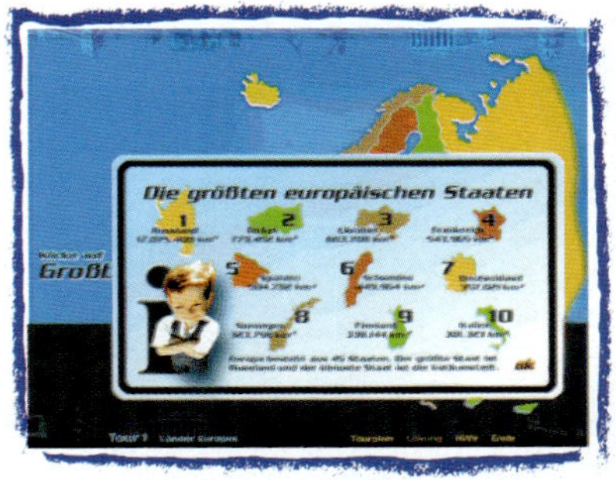

Die größten europäischen Staaten
Jede Menge Zusatzinfos für Wissbegierige.

Nordamerika
Europa
Asien
Afrika
Südamerika
Australien
Wie heißen diese Meere?
Antarktis
Wohin mit den Bojen?

Wo isst man was?
Sushi
Was isst man wo?

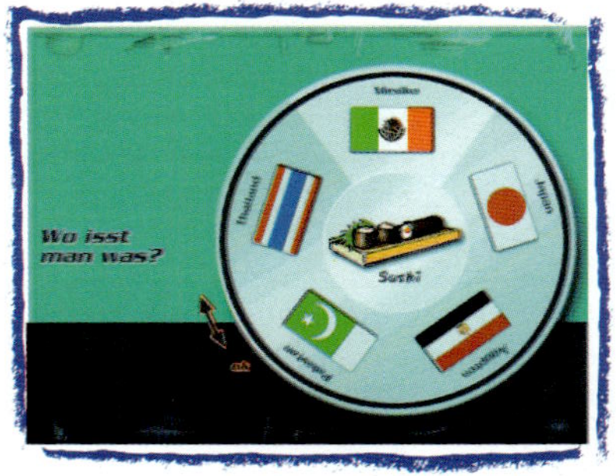

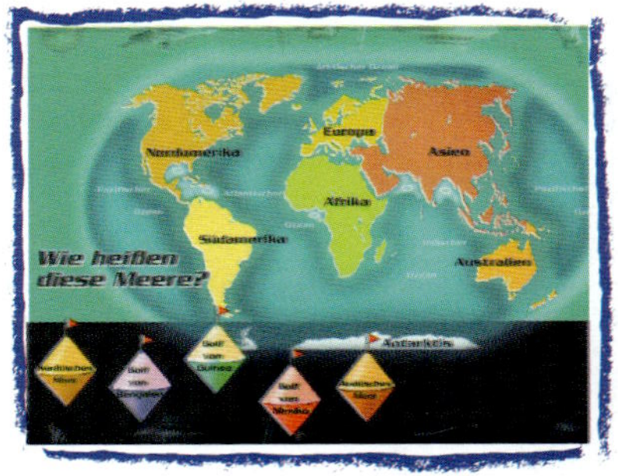

Florida/USA
Unglaublich aber wahr: Parkverbot für Elefanten!

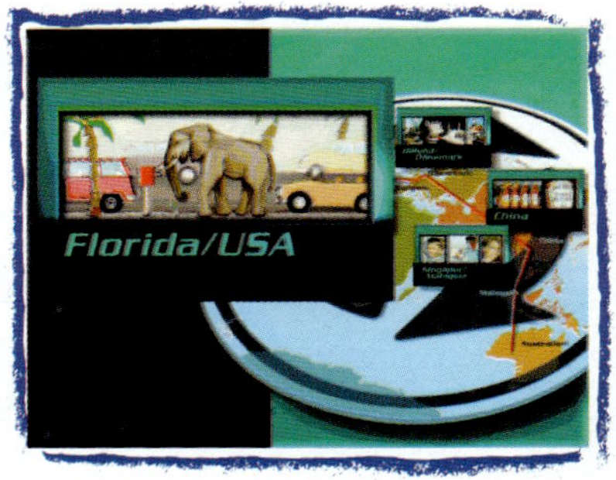

MUSICA!

musica! nimmt neugierige Anfänger und Musikliebhaber mit in die faszinierende Welt der Musikinstrumente. Mehr als 80 Instrumente erwachen in meisterhaften 3-D-Animationen zum Leben und warten nur darauf, entdeckt zu werden.

Wie entsteht eine Geige? Warum klingt die Posaune anders als die Trompete? musica! – die einzigartige Kombination aus Nachschlagewerk, Spiel- und Lernprogramm beantwortet einfach jede Frage. Spannende Spiele und interaktive Experimente laden auf vielfältige Weise ein, das Gelernte selbst auszuprobieren.

Entspannung und einen ganz besonderen Augen- und Ohrenschmaus versprechen die 3 musikalischen Erzählungen aus Japan, Afrika und Venedig.

**MUSICA!
Die Welt der Instrumente entdecken und erleben**
3-12-135035-8   DM 99,–   € 50,62

ab Win 95

Musik

ab 10 Jahre

„Fazit: Es gibt derzeit keine bessere Multimedia-Produktion zu dieser Thematik."
CD-Info

MOZART ON TOUR

Hier bietet sich die einmalige Gelegenheit mit dem genialen Musiker auf Reisen zu gehen und so ganz nebenbei allerlei Interessantes zur Entstehungsgeschichte seiner Werke zu erfahren. Die historischen Routen führen quer durch Europa zu Städten wie Verona, Prag oder Berlin und die Berichte vermitteln einen Eindruck von den Strapazen des Reisens im 18. Jahrhundert.

Aber was wäre ein Programm über Mozart ohne Musik? Die Ordnung der Musikstücke nach Köchelverzeichnis erleichtert die Suche nach einem bestimmten Werk. Ausschnitte aus seinen beliebtesten Kompositionen laden zum Zuhören und Genießen ein.

MOZART ON TOUR
3-12-135049-8   DM 69,–   € 35,28

System 7.1

ab 12 Jahre

„Fazit: Mozart on Tour ist klangvoll, prächtig und ausgesprochen unterhaltsam – eine Sinfonie von Musik und Bild."
Computer easy

FLÖTE SPIELEN & NOTEN LERNEN

Endlich gibt es einen Flötenkurs, der witzig ist, Spaß macht und keine Vorkenntnisse voraussetzt.

**FLÖTE SPIELEN &
NOTEN LERNEN**
3-12-132020-3

DM 69,–
€ 35,28

Mit der beiliegenden Flöte können die Kinder schon bald die tollsten Töne anstimmen.
Rick erklärt die Noten, zeigt alle Flötengriffe und übt Stück für Stück mit den Kindern ein. Dabei geht es sehr lustig zu und man lernt „Flötisten" aus der ganzen Welt kennen, die beim Üben helfen.
Schon bald kann man über 30 bekannte Lieder spielen – Tempo und Begleitmusik bestimmt man dabei natürlich selbst!

Eine YAMAHA-Blockflöte liegt der Packung bei!

ERLEBNIS GESCHICHTE

Fünfzig Jahre Bundesrepublik sind eine Aufforderung zurückzuschauen: Erlebnis Geschichte macht die deutsche Geschichte seit 1945 zu einem multimedialen Ereignis. Sie entstand in Zusammenarbeit mit dem „Haus der Geschichte" in Bonn, dem renommierten Museum für die Geschichte der Bundesrepublik, und präsentiert die Zeit seit dem Ende des Zweiten Weltkriegs als ein Erlebnis, das in besonderer Weise fasziniert.

Neben prägnanten Informationstexten enthält die CD-ROM ca. 60 Filme mit historischen Aufnahmen, ca. 40 Minuten Audio mit authentischen Tondokumenten sowie weit über 500 Abbildungen und zahlreiche Textdokumente.

Die Gliederung der Zeit nach 1945 erfolgt chronologisch in fünf Epochen – orientiert an der Dauerausstellung des „Hauses der Geschichte". In etwa 170 Einzelthemen entfalten sich sämtliche Dimensionen der Geschichte: Politik, Wirtschaft, Kultur, Gesellschaft und Alltag.

**ERLEBNIS GESCHICHTE
Deutschland seit 1945**
3-12-456131-7

DM 99,–
€ 50,62

Musik

ab 7 Jahre

„Ein rundum gelungenes Musikprogramm."
Computer Bild

Geschichte

Jugendliche/Erwachsene

CLEVER LERNEN: SUPER NOTEN!

Wenn das so einfach wäre: Ein Schulfach locker in den Griff bekommen durch gezieltes Lernen der zentralen Themen.

Ein intelligenter Lernpartner macht's möglich: Er unterstützt das selbstständige Üben zu Hause, versteht den Schüler und hilft bei Problemen auf die Sprünge – clever und zielgerichtet! Schließlich sind Erfolgserlebnisse und gute Schulnoten die beste Motivation.

Die Reihe Clever lernen: Super Noten! behandelt die wichtigsten Themen der Fächer Mathe, Deutsch, Englisch, Französisch und Latein.

... MIT LERNSOFTWARE, DIE BEGEISTERT.

Mathematik

Klasse 5 – 10

ALI – DER MATHEMASTER 2.0

Arithmetik und Algebra gehören zum Handwerkszeug der Mathematik. Wem das nicht so locker von der Hand geht, dem steht Ali – der Mathemaster zur Seite. Ganz nach den Bedürfnissen der Schüler stellt er die passenden Aufgaben. Alle Stoffgebiete der Klassen 5–10 können zu Hause selbstständig geübt und gefestigt werden. Systematisches Mathetraining für bessere Schulnoten: Der Schüler erarbeitet die Lösung Schritt für Schritt. Bei Problemen rechnet ALI gerne vor – den nächsten Rechenschritt oder die ganze Aufgabe. Und wie sieht die passende Kurve zur Funktionsgleichung aus? Was passiert, wenn sich bestimmte Parameter verändern? Spielerisches Experimentieren schafft Verständnis für die abstrakten Zusammenhänge der Mathematik!

- Zentraler Mathe-Stoff der Klassen 5 bis 10
- Vom Bruchrechnen bis zur komplizierten Potenzrechnung
- Lösungswege auf Wunsch vorrechnen lassen
- Aufgabenbank mit ca. 10.000 Übungsaufgaben
- Eigene Aufgaben eingeben und rechnen lassen
- Beliebige Funktionsgraphen zeichnen und manipulieren

ALI – DER MATHEMASTER 2.0
3-12-141049-0   DM 99,–
€ 50,62

Üben ohne Ende: Über 10.000 Übungsaufgaben warten und können x-beliebig erweitert werden. Jeder übt ganz nach Bedarf – auch Aufgaben aus dem Unterricht oder Schulbuch.

Im Rechenfenster wird jede Umformung auf Wunsch genau kommentiert. Da lernt man schnell, wie auch schwierige Nüsse zu knacken sind.

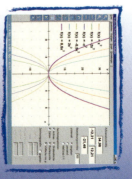

„….. Schüler der Klassen 5 bis 10 finden hier einen hervorragenden Nachhilfelehrer."
CD-ROM Magazin

„Klar gegliederte Lektionen werden verständlich erklärt und durch grafische Darstellungen ergänzt."
CHIP

17

CINDERELLA – DIE INTERAKTIVE GEOMETRIESOFTWARE

Dynamische Geometrie: Den Lehrsatz des Pythagoras experimentell erleben.

Geometrie spielerisch und experimentell erleben: mit Cinderella, dem Programm für Geometrie auf dem Computer. Mit wenigen Mausklicks lassen sich spannende Konstruktionen mit Punkten, Geraden und Kreisen zeichnen. Cinderella beherrscht nahezu alle Konstruktionen, die in der Schulgeometrie vorkommen. Angefangen von einfachen Verbindungsgeraden, über Senkrechte, Winkelhalbierende und Parallelen bis hin zu komplizierten Spiegelungen.

Eine Aufgabensammlung mit 130 Konstruktionsaufgaben, Lehrsätzen und geometrischen Spielereien bietet viel Material zum selbstständigen Üben. Cinderella unterstützt bei der Lösung von Konstruktionsaufgaben mit Hinweisen, stellt fest, wenn man auf dem richtigen Weg ist, und erkennt korrekte Lösungen – ohne den Lösungsweg vorzuschreiben.

Selbst erstellte Konstruktionen und Animationen können als interaktive Applets direkt auf eine Internetseite exportiert werden – „dynamische Geometrie" für die eigene Homepage!

**CINDERELLA –
DIE INTERAKTIVE
GEOMETRIESOFTWARE**
3-12-136095-7   DM 99,–
€ **50,62**

ab Win 95, mind. 16 MB RAM

ab System 8.1, 32 MB RAM

Internetbrowser enthalten

Viel Material zum selbstständigen Erforschen, Entdecken und Üben: die integrierte Aufgaben- und Beispielsammlung.

Mathematik

Klasse 5 – 10

Enthält Profi-Version mit Zugriff auf weiterführende Themen wie z.B. Hyperbolische Geometrie

„Super. Unbedingt empfehlenswert. ... So macht Geometrie Spaß und erschließt sich ... überzeugend."
Lehrer im „Großer Lernsoftware-Ratgeber" (Thomas Feibel)

„So werden die geometrischen Inhalte plastisch begreifbar."
Südkurier

LATINUM EX MACHINA 3.0

Lernen mit System und Abwechslung: Latinum ex machina bringt Lateinkenntnisse schnell auf Idealniveau. Dieser methodisch durchdachte PC-Trainer ist ein idealer Lernpartner für alle, die lateinische Formen und Vokabeln präzise beherrschen möchten – schnell und ohne Langeweile. Der sichere Weg zum großen Latinum!

- Abwechslungsreiche Abfragemöglichkeiten:
  - Einstellung der Sprachrichtung
  - Gezielte Abfrage nach Wortarten und Formen
- Eigene Lektionen mit beliebig vielen Vokabeln anlegen
- Sekundenschnell: Das Formenlexikon mit ca. 4.500 Einträgen bestimmt nahezu alle flektierten lateinischen und deutschen Formen
- Eigene Texte eingeben und Formen bestimmen lassen
- Umfangreiche Sprichwörtersammlung
- Motivierendes Lernspiel prägt lateinische Formen ein
- Detaillierte Erfolgsstatistik
- Vokabellisten zum Ausdrucken
- Ausführliche Grammatiktafeln
- Mit Sprachausgabe von über 11.000 Vokabeln

 ab Win 95,
16 MB RAM, 30 MB HD

**LATINUM EX MACHINA 3.0
Vokabel- und Formentrainer Latein
3-12-140141-6**

DM 99,–
€ 50,62

ab 1. Lernjahr

Latein

Das zusätzliche Plus:

Alle Vokabeln „Grundwortschatz Latein nach Sachgruppen" von Klett

PONS Praxiswörterbuch Lateinisch „plus" mit rund 28.000 wichtigen Stichwörtern und Wendungen im Programm integriert

Vocabularium der Klett-Lehrwerke „Ostia altera" und „Itinera"

19

RECHTSCHREIBUNG DEUTSCH
DIKTATE UND ÜBUNGEN

Deutsch

Klasse 3 – 8

neu

Wer kennt nicht den Stress mit der deutschen Rechtschreibung oder dem Diktateschreiben? Doch mit Rechtschreibung Deutsch gibt es nun einen Lernpartner, der der immer Zeit hat und nie die Geduld verliert – egal, wie viele Fehler auch gemacht werden.

Abwechslungsreiche Diktattexte und ein noch viel umfangreicheres Übungsangebot bieten das ideale Rüstzeug, um alle Stolpersteine der deutschen Rechtschreibung aus dem Weg zu räumen.

Jedes Programm bietet 30 Diktattexte, die in Wortschatz und Schwierigkeitsgrad auf die einzelnen Klassenstufen abgestimmt sind, eigene Texte können integriert werden. Gezielter lässt sich für die nächste Klassenarbeit ein Diktat nicht vorbereiten.

Alle Fehler werden im Diktat gefunden und mit der richtigen Schreibweise angezeigt. Anschauliche Regeln und Beispiele helfen, den Fehler zu verstehen.

Durch intelligente Analyseverfahren lassen sich ganz persönliche Lernprofile erstellen: Fehlerschwerpunkte werden exakt erkannt und passgenaue Übungen angeboten.

Zu allen Themenbereichen der Rechtschreibung gibt es vielseitige, von erfahrenen Pädagogen entwickelte Übungen. Hier werden Strategien und Tipps vermittelt, mit denen sich die Tücken der deutschen Rechtschreibung sicher in den Griff bekommen lassen.

Alle Übungen sind spielerisch angelegt und ausgesprochen liebevoll gestaltet. Die lustigen Animationen und unerwarteten Überraschungen garantieren, dass der Spaß beim Üben niemals zu kurz kommt.

- **Diktate sicher im Griff**
- **Persönliches Lernprofil und passgenaue Übungen**
- **Strategien und Tipps für alle Tücken der deutschen Rechtschreibung**

**DEUTSCH
RECHTSCHREIBUNG
DIKTATE & ÜBUNGEN
3./4. Klasse
3-12-143024-6**

€ 35,28   DM 69,–

**DEUTSCH
RECHTSCHREIBUNG
DIKTATE & ÜBUNGEN
5./6. Klasse
3-12-143025-4**

€ 35,28   DM 69,–

**DEUTSCH
RECHTSCHREIBUNG
DIKTATE & ÜBUNGEN
7./8. Klasse
3-12-143026-2**

€ 35,28   DM 69,–

Jeder Fehler wird gefunden und – auf Wunsch – erklärt!

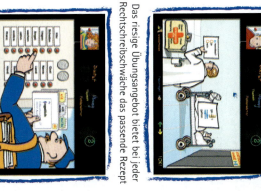

Das riesige Übungsangebot bietet bei jeder Rechtschreibschwäche das passende Rezept

Strategisch denken: e oder ä? Wort-Verwandte helfen weiter!

Buchstabenweise wird ein Wortbild erschlossen – so prägt es sich dauerhaft ein!

Und auch das hilft beim Einprägen: „Wort-Bilder" werden systhematisch entwickelt

Ob das Enträtseln der Geheimschrift gelingt?

21

MATHE LERNEN SCHRITT FÜR SCHRITT 2.0

Jedes Programm dieser PC-Lernreihe behandelt ein zentrales mathematisches Thema und führt methodisch sicher zum Erfolg. Die beste Voraussetzung für alle folgenden Schuljahre!

Lernen, üben und testen in einem: Das Lernmodul führt zielstrebig durch das jeweilige Thema, das Übungsmodul bietet zahlreiche Übungsmöglichkeiten mit gezielten Hilfestellungen und das Testmodul simuliert Klassenarbeiten.

Intelligente Rückmeldungen und individuelle Hilfen ermöglichen selbstständiges Arbeiten. Ganz schön clever!

In allen Programmen der Reihe befindet sich eine Formelsammlung mit Regeln und Beispielen, ein Karteikasten sowie ein einstellbarer Taschenrechner.

Intelligente mathematische Spiele motivieren an der richtigen Stelle.

Das Besondere an „Mathe lernen Schritt für Schritt" ist der Aufgabengenerator, der zu einem Aufgabentyp ständig neue Aufgaben liefert. So kann keine Langeweile aufkommen.

Alle Bestandteile der Programme wurden ergonomisch optimiert. Jetzt ist die Bedienung so einfach wie noch nie!

Mathematik

Klasse 6 – 9

„Bei Schwierigkeiten ist Mathe lernen Schritt für Schritt genau richtig. Mit vielen Beispielen und durchdachter Lernführung geht es mit den Noten schnell bergauf."
PC go!

DREISATZ, PROZENT- UND ZINSRECHNEN
ab 6. Klasse
3-12-133052-6   DM 69,–   € 35,28

Themen:
Zuordnungen • absolute Werte und relative Anteile • Prozentrechnen • Darstellung von Prozentangaben • Prozentrechnen für Profis • Zinsrechnen • Zinsrechnen für Profis • Spielwiese.

BRUCHRECHNEN
6. Klasse
3-12-141042-3   DM 69,–   € 35,28

Themen:
Teiler • Vielfache • ggT • kgV • Teilbarkeitsregeln • Kürzen • Erweitern • Hauptnennersuche • Kehrwert • Rechnen mit Brüchen und Dezimalbrüchen u.v.m.

16 MB RAM

TERMUMFORMUNG
7./8. Klasse
3-12-141045-8   € DM 69,–   35,28

Themen:
Rechnen mit Variablen
• Klammerregeln • Ordnen und Zusammenfassen
• Multiplikation von Summen
• Produkte und Vorzeichenregeln • Binomische Lehrsätze
• Distributiv-, Kommutativ- und Assoziativgesetz.

Ein intelligenter Lernpartner: Das Programm „versteht" den Rechenweg des Schülers, erkennt die Art der Fehler und gibt passende Rückmeldungen. Das hilft bei Problemen auf die Sprünge!

Lernen Schritt für Schritt: Schwierige Probleme werden in kleine Lernschritte zerlegt. Jede Lektion endet mit Aufgaben – da kann man zeigen, dass man den Stoff verstanden hat!

GLEICHUNGEN UND FUNKTIONEN
8./9. Klasse
3-12-131053-4   € DM 69,–   35,28

Themen:
Aussagen und Aussageformen
• Äquivalenzumformungen
• Lineare Gleichungen
• Wurzelgleichungen • Anwendungsaufgaben • Lineare Funktionen • quadratische Funktionen • lineare Ungleichungen • quadratische Ungleichungen.

Lernen, üben, testen in einem Programm

Selbstständige Vorbereitung auf Klassenarbeiten

Intelligente Rückmeldungen und Hinweise

Motivation durch Spiele und Erfolgserlebnisse

16 MB RAM

Englisch

Französisch

„So macht das Diktate-
schreiben richtig Spaß..."
Bewertung hervorragend."
Der Medienmarkt

Deutsch

Jugendliche / Erwachsene

DIKTAT ENGLISCH
DIKTAT FRANZÖSISCH

Englische und französische Rechtschreibung ist ganz schön kompliziert! Mit Diktat Englisch und Diktat Französisch lässt sich jetzt „stressfrei" üben. 30 Diktate werden systematisch vorbereitet – mit gezielten Übungen, die Hör- und Textverständnis sichern. Sogar die eigene Aussprache kann aufgenommen und „hörbar" verbessert werden.

Jeder Diktierabschnitt ist beliebig oft wiederholbar, korrigiert wird blitzschnell per Mausklick. Aber aufgepasst – aus Fehlern wird man klug! Wenn nötig, wird jeder Fehler mit Regel und Beispiel erklärt – wahlweise auf Deutsch oder in der jeweiligen Fremdsprache.

Bei weiteren Fragen hilft das Wörterbuch mit ca. 600 Einträgen. Alle Schlüsselwörter sind dort erklärt und häufig auch bildlich dargestellt.
Besser kann Diktat-Training nicht sein!

**DIKTAT ENGLISCH
2./3. Lernjahr**
3-12-143113-7 DM 69,–
€ 35,28

**DIKTAT FRANZÖSISCH
2./3. Lernjahr**
3-12-143214-1 DM 69,–
€ 35,28

DIKTAT DEUTSCH ALS FREMDSPRACHE

Deutsche Sprache – schwere Sprache? Davon weiß jeder Deutschlerner ein Lied zu singen. Doch jetzt kann die deutsche Rechtschreibung selbstständig geübt werden, egal ob man in einem deutschsprachigen Land oder im Ausland lernt. Mit Diktat Deutsch als Fremdsprache bekommt man die vier Fertigkeiten Hören, Sprechen, Lesen und Schreiben locker in den Griff.

30 Diktattexte werden mit Übungen zum Hör- und Textverständnis vorbereitet, auf Wunsch diktiert und blitzschnell korrigiert. Aufgepasst: Jeder Fehler wird mit Regel oder Beispiel erklärt – auf Deutsch oder Englisch. Bei weiteren Fragen hilft das Wörterbuch mit über 600 Einträgen.

Begleitheft, Erklärungen und Hilfestellungen im Programm gibt's wahlweise auf Deutsch oder Englisch. Und natürlich ist alles „up to date", denn die neue Rechtschreibreform wird bereits berücksichtigt.

Ideal für alle jugendlichen und erwachsenen Deutschlerner der Grund- und Mittelstufe!

**DIKTAT DEUTSCH
ALS FREMDSPRACHE**
3-12-133013-6   DM 69,–
€ 35,28

MEIN GRUNDSCHUL-ABSCHLUSS

Mit der 4. Klasse naht das Ende der Grundschulzeit und der Wechsel auf die weiterführende Schule steht an – meist Anlass für viele Fragen, Hoffnungen oder Befürchtungen. Mein Grundschul-Abschluss unterstützt Kinder und Eltern und macht Schluss mit der Unsicherheit.

Das gesamte Grundschulwissen Deutsch und Mathe ist in diesem liebevoll und witzig gestalteten Programm enthalten. Raffinierte Testverfahren ermöglichen es, in allen Themengebieten der beiden Hauptfächer Wissenslücken exakt zu erkennen. Gezielt wird zu jeder Schwachstelle eine Erinnerungshilfe und Übungsmöglichkeit angeboten.
Ein erneuter Testlauf gibt Aufschluss, ob der Stoff nun wirklich „sitzt".

Mit ausführlichem Elternratgeber zu Schulformen, Lerntypen, Hausaufgaben, Erwartungsdruck u.v.m.

Mein Grundschul-Abschluss
Deutsch & Mathe 4. Klasse
3-12-143030-0 **DM 99,–**
€ **50,62**

ab Win 95
64 MB RAM, ab Pentium 100

"Fach-Wissen" komplett – 22 Themen, 1500 Übungen

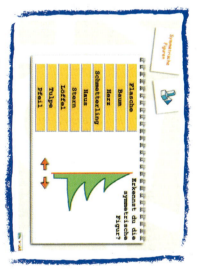

Alle Aufgaben wurden von erfahrenen Grundschulpädagogen entwickelt.

Deutsch & Mathe
4. Klasse

Fit für die 5. Klasse!
Mit ausführlichem Eltern-Ratgeber

„Hervorragend! Ein gelungenes Komplettpaket zur Unterstützung der ersten schulischen Etappe und ... eine wichtige Entscheidungshilfe für den weiteren Ausbildungsweg."
Eltern for family

Gut vorbereitet in die Klassenarbeiten der Oberstufe und ins Abitur: mit Übungen, Rezepten, Klausuren und Original-Abituraufgaben – unterstützt durch elektronisches Rechenblatt und Funktionsplotter.
Das elektronische Rechenblatt rechnet beliebige Aufgaben vor, löst und überprüft die Hausaufgaben. Der Funktionsplotter stellt blitzschnell die Schaubilder der eingegebenen Funktionen dar.

**OBERSTUFE MATHEMATIK
ABITOUR ANALYSIS**
3-12-136096-5   DM 79,–   € 40,39

FIT UND ERFOLGREICH IN DER OBERSTUFE

Die perfekten Begleiter für die Oberstufe machen schnell fit für jede Mathe-, Englisch- oder Französisch-Prüfung – und darüber hinaus!

OBERSTUFE MATHEMATIK

Der Crashkurs für die Abi-Prüfung: Intensives Grundlagentraining für die Klassen 11 – 13 mit automatisch erzeugten Übungen, die sich im Schwierigkeitsgrad an den jeweiligen Lernfortschritt anpassen. Spätestens beim Bearbeiten der Original-Abituraufgaben und Klausuren werden alle Schwachpunkte aufgedeckt – und gleich die passenden Übungen angeboten! Beliebige Ableitungen, Nullstellen, Integrale und Extrema berechnen oder schnell mal ein Funktionsbild anschauen – kein Problem! Je früher man die AbiTour startet, desto sicherer ist der Erfolg!

Mathematik
Klasse 11 – 13

OBERSTUFE ENGLISCH
OBERSTUFE FRANZÖSISCH

Seinen englischen oder französischen Wortschatz gezielt erweitern, für Klausuren und mündliche Prüfungen Vokabeln schnell wiederholen: mit „Vokabeln zu allen Themen" ist das kein Problem.

Beide Vokabeltrainer enthalten Basis- und Aufbauvokabular zu allen Bereichen des alltäglichen Lebens – von „Arbeitswelt" über „Politik" und „Tourismus" bis „Umweltschutz". Das macht sie zu idealen Begleitern für den Unterricht in der Oberstufe und darüber hinaus. Sie haben 5.000 bzw. 6.000 Vokabeln parat und lernen nie aus. Eigene Vokabeln können ergänzt und künftig genauso schnell und effizient mitgeübt werden.

Sämtliche Wörter werden von einem Muttersprachler vorgesprochen. Im Sprachvergleich sind die eigenen Fehler nicht zu überhören und man trainiert einfach so lange, bis die Aussprache stimmt.

In Lückentexten werden die wichtigsten Vokabeln noch einmal im Textzusammenhang geübt, damit sie auch wirklich verstanden werden. Falls doch einmal ein Wort unbekannt sein sollte, kann das integrierte Wörterbuch rasch weiterhelfen.

Und für alle, die ihren Lernfortschritt rot auf weiß sehen wollen, gilt: Testmodus anklicken und Aufgabe komplett bearbeiten. Dann erscheint ein Rotstift, der den Text korrigiert, und eine Statistik die zeigt, wo man steht. Ein perfekter Lernpartner für Englisch oder Französisch!

**OBERSTUFE ENGLISCH
6000 VOKABELN
ZU ALLEN THEMEN**
3-12-145045-8   DM 79,–
€ 40,39

**OBERSTUFE FRANZÖSISCH
5000 VOKABELN
ZU ALLEN THEMEN**
3-12-145028-x   DM 79,–
€ 40,39

Englisch

Französisch

Klasse 11 – 13

Auf Seite 45 finden Sie Vokabeltrainer zu weiteren Sprachen: Italienisch und Spanisch zum Thema

27

SPRACHEN LERNEN – INTELLIGENT UND EFFEKTIV: VOKABEL- UND GRAMMATIKTRAINER

Perfekt in Englisch und Französisch – mit dem Vokabel- und Grammatiktrainer, der genau zum Schulbuch passt. Einfach das eigene Klett-Schulbuch auswählen und die Software stellt sich automatisch ein.

Gelernt wird genau das, was man in der Schule braucht, genau dann, wenn's im Unterricht dran ist. Denn der Vokabel- und Grammatiktrainer folgt im Wortschatz und den einzelnen Übungen exakt dem Lernfortschritt in der Schule über ein ganzes Schuljahr. Und das in einem Paket.

- Englisch
- Französisch
- **Überarbeitete Version**

! **Intelligente und effektive Lernsysteme, von der 5. bis zur 10. Klasse – einstellbar auf das Klett Schulbuch**

Die wichtigsten Bausteine in einem Paket

Vokabeln und Grammatik bilden die Basis einer jeden Fremdsprache. Schnell und effizient wollen Schüler und Schülerinnen diese Grundlagen trainieren. Der Vokabel- und Grammatiktrainer bietet vielfältige Übungen, die immer auf die Übungseinheiten des Schulbuchs abgestimmt sind, aber auch neues Material beinhalten.

Immer die richtige Unterstützung

Beim Üben bleiben der Schüler und die Schülerin nicht allein. Tipps, die auf den richtigen Weg führen gibt es auf Wunsch, Erklärungen und Beispiele wie's beim nächsten Mal besser klappt ebenfalls. Richtig gedacht, aber vertippt - auch kein Problem. Individuell reagiert der „Trainer" auf Fehleingaben. Intelligente Rückmeldungen und die passenden Grammatikregeln helfen, Fehler zu verstehen und in Zukunft zu vermeiden. Wie viel Hilfe beim Lernen in Anspruch genommen wird können der Schüler und die Schülerin mit Hilfe unseres mehrstufigen Rückmeldungssystems selbst bestimmen.

Das Wörterbuch für alle Fälle

Falls mal ein Wort unbekannt sein sollte, das „sprechende Wörterbuch" liefert genau diejenige Übersetzung, die der Schüler und die Schülerin aus dem zuvor eingestellten Schulbuch kennen. Die Fundstelle zeigt dazu an, in welcher Lektion das Wort gelernt wurde.

Das Angebot an Übungsmaterial ist riesig – Spezialfilter bieten vielfältige Auswahlmechanismen.

Den Lernfortschritt im Blick

Eine Lernstatistik zeigt jederzeit an, wo man steht. Die Schüler und Schülerinnen können so genau das herausfiltern, was sie wiederholen sollten - in der nächsten Übungsrunde

Sicherheit im Test

Wie sicher der Stoff wirklich sitzt, zeigt sich meist erst in der Klassenarbeit. Diese nervenaufreibende Situation lässt sich im Test-Modus prima vorab simulieren. Wie bei einer richtigen Klassenarbeit wird hier erst am Ende korrigiert. Wer im Ergebnis zu viel Rot sieht, geht einfach noch mal zurück in den Übungsbereich.

- **Passgenauigkeit – einstellbar auf das jeweilige Klett Schulbuch: Übersicht auf den Seiten 31-33**
- **Effizientes Lernen – abwechslungsreiches Übungsmaterial zu Vokabeln und Grammatik**
- **Intelligente Rückmeldungen – individuelle Tipps und umfangreiche Erklärungen**

Mit Illustrationen, Beispielsätzen und sinnverwandten Wörtern prägen sich Vokabeln besser ein.

29

VOKABEL- UND GRAMMATIKTRAINER

Vokabeltrainer

Da kann kein Vokabelheft mithalten: neben der Sprachwiedergabe gibt es zu jeder Vokabel einen Beispielsatz und eine Illustration, die das Einprägen erleichtern. Synonyme werden ebenso angezeigt, wie schwierige Formen. Die Abfragerichtung ist individuell einstellbar, über einen speziellen Filter können gezielt Schwachstellen ausgewählt und geübt werden. Auch die Aussprache lässt sich trainieren: einfach sich selbst aufnehmen und mit dem „Original" von Muttersprachlern vergleichen.

Die neu gelernten Vokabeln werden dann in Beispielsätzen, in längeren Texten und gemeinsam mit sinnverwandten Wörtern angewendet und gefestigt.

Die Übungen dazu vertiefen bereits bekannte Texte aus dem Schulbuch, bieten aber auch neues, genau auf den Wortschatz abgestimmtes, Material. Die abwechslungsreichen Übungen bringen Lernmotivation – wichtigster Grundstein für Lernerfolge.

Grammatiktrainer

Vokabeln allein machen noch keine Sprache: nur wer die Grammatik sicher beherrscht, kann sich wirklich verständigen. Der Grammatiktrainer erleichtert diese schwierige Aufgabe.

In abwechslungsreichen Übungstypen werden neue Strukturen wiederholt und gefestigt. Dazu kann der Stoff wahlweise nach Grammatikthemen oder Schulbuchlektionen zusammengestellt werden.

Beim Üben gibt es natürlich Tipps zur richtigen Lösung. Intelligente Fehlerrückmeldung, das heißt nicht einfach zu melden, dass etwas „falsch" ist, sondern darauf einzugehen, was genau verbessert werden soll. Der Grammatiktrainer weist dabei auf die Quelle der Schwierigkeiten hin – genau wie der Lehrer im Unterricht. So werden Fehler nachvollziehbar und die passenden Grammatikregeln helfen beim Verständnis. Beim nächsten Mal klappt's dann bestimmt.

Englisch/Französisch

Überarbeitete Version

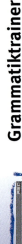

Französisch

Überarbeitete Version

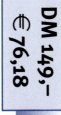
Einstellbar auf mein Schulbuch

DM 149,–
€ 76,18

	Gymnasien, 2. Fremdsprache	Gymnasien, 1. Fremdsprache	Gymnasien, 3. Fremdsprache	Real- und Gesamtschulen, 2. Fremdsprache
5./6. Klasse 3-12-133021-7		✓		
7. Klasse 3-12-133022-5*	✓			
8. Klasse 3-12-133023-3*	✓			✓
9. Klasse 3-12-133024-1*	✓		✓	✓
10. Klasse 3-12-133025-X*	✓		✓	✓

*Erscheint im Sommer 2001.

DOS- und Windows-Versionen der Vokabel- und Grammatiktrainer „Echanges Edition longue" und „Echanges Cours intensif" sind auf Anfrage erhältlich, solange der Vorrat reicht.

40 MB HD

31

Englisch

Überarbeitete Version

Einstellbar auf mein Schulbuch

	Gymnasien, 1. Fremdsprache	Gymnasien, 1. Fremdsprache	Gymnasien, 1. Fremdsprache	Gymnasien, 1. Fremdsprache
DM 149,– **€ 76,18**				
5. Klasse 3-12-133031-4	✓	✓	✓	✓
6. Klasse 3-12-133032-2	✓	✓	✓	✓
7. Klasse 3-12-133033-0	✓	✓	✓	✓
8. Klasse 3-12-133034-9*	✓	✓	✓	✓
9. Klasse 3-12-133035-7* 3-12-130305-8***	✓	✓	✓	✓
10. Klasse 3-12-133036-5** 3-12-130255-8***	✓	✓	✓	✓

* Erscheint im Sommer 2001. ** Erscheint im Herbst 2001. *** Erhältlich bis September 2001.

Englisch

Überarbeitete Version

	Gymnasien, 2. Fremdsprache	Realschulen, 1. Fremdsprache	Realschulen, 1. Fremdsprache	Differenzierende Schulen, 1. Fremdsprache	Differenzierende Schulen, 1. Fremdsprache
Swift 1	✓				
Red Line 1		✓			
Password Red 1		✓			
Orange Line 1				✓	
Password Orange 1					✓

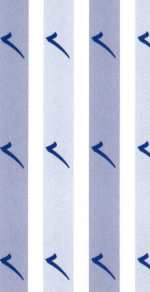

DOS-Versionen der Vokabel- und Grammatiktrainer sind auf Anfrage erhältlich, solange der Vorrat reicht. 40 MB HD

Englisch

Erwachsene

> „BUSINESS Englisch für die Geschäftsreise eignet sich sehr gut für die Vorbereitung zu Hause oder für unterwegs am Notebook."
> *CHIP*

Erwachsene Lernende mit Vorkenntnissen

Kenntnisse auffrischen & spielend ausbauen

PONS SELBSTLERNSOFTWARE UND ELEKTRONISCHE WÖRTERBÜCHER

BUSINESS!

Englisch für die Geschäftsreise mit den Themen: Hotels, Flugreisen, Termine, Wegbeschreibungen. Englische Geschäftskommunikation mit den Themen: Begrüßungen, Smalltalk, Restaurant, Arbeitsfelder.

- Zahlreiche Videoclips mit vielfältigen Übungsmöglichkeiten (z. B. Rollenspiele)
- Tests zu Grammatik und Wirtschaftswortschatz
- Umfangreiche Grammatikhilfen
- Zweisprachiges Wörterbuch mit Beispielsätzen
- Sprachausgabe, wahlweise britisches oder amerikanisches Englisch
- Aussprachetraining durch Aufnahme mit anschließender Vergleichsmöglichkeit

Jedes Übungsbuch enthält zusätzliche Lese- und Schreibübungen. Video: 55 Minuten Video zum Thema Geschäftsreise und Beruf.

ab Win 95, 16 MB RAM, 12 MB HD

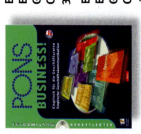

BUSINESS! Englisch für die Geschäftsreise CD-ROM und Übungsbuch 3-12-560636-5	DM 69,–	€ 35,28
BUSINESS! Englische Geschäftskommunikation CD-ROM und Übungsbuch 3-12-560638-1	DM 69,–	€ 35,28
BUSINESS! Englisch für die Geschäftsreise & Englische Geschäftskommunikation 2 CD-ROMs und 2 Übungsbücher 3-12-560639-x	DM 119,–	€ 60,84
... & Video „Conference" 1 Video, 2 CD-ROMs, 3 Übungsbücher 3-12-560635-7	DM 249,–	€ 126,80

PONS PC-SPRACHTRAINING

PC-Sprachtraining Englisch vermittelt spielerisch und gleichzeitig effizient Grammatik, Wortschatz und interkulturelles Wissen. Die Vielfalt der Übungen, die anspruchsvolle Gestaltung und die Sprachausgabe lassen das Lernen nie langweilig werden. Im selbst bestimmten Tempo und bei freier Übungsauswahl zum Erfolg!

PONS PC-SPRACHTRAINING ENGLISCH 3-12-560872-4	DM 49,–	€ 25,05

32 MB RAM

PONS LEXIFACE

Lexiface, das elektronische Wörterbuch, mit dem unbekannte Wörter in Texten am PC und im Internet leicht nachgeschlagen werden können. Mit der Pop-Up Funktion genügt ein Klick, und die Übersetzung wird angezeigt. Die eingebaute Internetschnittstelle ermöglicht Erweiterungen der installierten Wörterbücher um spezielles Vokabular, das unter www.pons.de bereitgestellt wird. Lexiface bietet die Möglichkeit, auf einfache Weise eigene Wörterbücher zu erstellen und vorhandene Glossare und Wortlisten zu übernehmen.

PONS LEXIFACE GLOBAL ENGLISCH,
225.000 Stichwörter und Wendungen
Deutsch-Englisch
Englisch-Deutsch
3-12-168714-x **DM 99,–**
€ 50,62

LEXIFACE GLOBAL FRANZÖSISCH
210.000 Stichwörter und Wendungen
Deutsch-Französisch/Französisch-Deutsch
3-12-168705-0 **DM 99,–**
€ 50,62

LEXIFACE GLOBAL ITALIENISCH
140.000 Stichwörter und Wendungen
Deutsch-Italienisch/Italienisch-Deutsch
3-12-168704-2 **DM 99,–**
€ 50,62

LEXIFACE GLOBAL SPANISCH
210.000 Stichwörter und Wendungen
Deutsch-Spanisch/Spanisch-Deutsch
3-12-168706-9 **DM 99,–**
€ 50,62

LEXIFACE WIRTSCHAFT ENGLISCH
Über 50.000 Fachbegriffe und Beispiele
Deutsch-Englisch/Englisch-Deutsch
3-12-168702-6 **DM 149,–**
€ 76,18

PONS LEXIFACE COMPACT ENGLISCH,
110.000 Stichwörter und Wendungen
Deutsch-Englisch
Englisch-Deutsch
3-12-168694-1 **DM 59,–**
€ 30,17

ab Win 95
16 MB RAM

LEXIFACE COMPACT FRANZÖSISCH
110.000 Stichwörter und Wendungen
Deutsch-Französisch/Französisch-Deutsch
3-12-168696-8 **DM 59,–**
€ 30,17

LEXIFACE COMPACT ITALIENISCH
120.000 Stichwörter und Wendungen
Deutsch-Italienisch/Italienisch-Deutsch
3-12-168701-8 **DM 59,–**
€ 30,17

LEXIFACE COMPACT SPANISCH
110.000 Stichwörter und Wendungen
Deutsch-Spanisch/Spanisch-Deutsch
3-12-168695-x **DM 59,–**
€ 30,17

LEXIFACE PROFESSIONAL ENGLISCH
350.000 Stichwörter und Wendungen
Deutsch-Englisch/Englisch-Deutsch
3-12-168658-5 **DM 149,–**
€ 76,18

Englisch

Erwachsene

> „Dieses Übersetzungsprogramm ist ein kompetenter Helfer bei der Korrespondenz mit englischsprachigen Geschäftspartnern."
> *CD-ROM Magazin*

Zeitgemäßes und aktuelles elektronisches Wörterbuch mit Internetschnittstelle, Pop-Up-Funktion

Englisch

Klasse 5 – 7

„Fazit: Englisch lernen kann so viel Spaß bereiten."
Spielzeugmarkt

„....Das Programm ist eine gelungenen Begleitung zum gedruckten Schulbuch".
Computer Bild

Interaktive Lernspiele passend zu allen gängigen Lehrwerken

TAKE 1: ROBIN HOOD
TAKE 2: SHERLOCK HOLMES
TAKE 3: KING ARTHUR

Unsere „drei" aus der Take-Reihe kombinieren auf perfekte Weise Spiel und Spaß mit effektivem Lernen und Üben. Jede Menge unterschiedlichster Aufgaben und Spiele müssen bewältigt werden – einfache und schwierige, lustige und spannende zum Hören und Verstehen, Schreiben oder Raten. Mal ist Geschicklichkeit gefordert, mal Schnelligkeit, aber immer motivieren sie zum Umgang mit der englischen Sprache.

Prallvoll mit spannenden Übungen, einfach in der Bedienung, ansprechend in der Gestaltung sorgt die Take-Reihe für schnelle Fortschritte beim Englischlernen. Ausdruckbare Materialien und „Bastelpackungen" liefern über den PC hinaus Anreize zum Weiterlernen und Weiterspielen.

TAKE 1: ROBIN HOOD
1. Lernjahr
3-12-990501-4 **DM 99,–** **€ 50,62**

Robin Hood, Maid Marian und der Sheriff von Nottingham sind durch ein Zeitloch ins 21. Jahrhundert katapultiert worden und können nur mit Hilfe der Kinder und den von ihnen gesammelten Schätzen die Rückreise in ihre Zeit antreten.

TAKE 2: SHERLOCK HOLMES
2. Lernjahr
3-12-990502-2 **DM 99,–** **€ 50,62**

Dr. Watson und Sherlock Holmes werden in einen Entführungsfall verwickelt und versuchen – mit Hilfe der Schülerinnen und Schüler – eine verschwundene Schauspielerin zu finden. Dabei gilt es, in Spielen und Übungen Indizien zu sammeln und das Versteck der Entführten zu finden.

Die topic boxes verbergen jede Menge spannende Spiele und Übungen.

Deutsch

Jugendliche / Erwachsene

TAKE 3: KING ARTHUR
3. Lernjahr
3-12-990503-0   DM 99,–   € 50,62

Kann Zauberer Merlin dem jungen Arthur zum Thron und seinem Glück verhelfen? Die Lernenden unterstützen den jungen König nach Kräften, indem sie die abwechslungsreichen Aufgaben bewältigen.

Im Reisetagebuch sind alle Erinnerungen gut aufgehoben.

RECHTSCHREIBUNG 2000

Seit man Tunfisch ohne „h" schreiben darf, gibt's für jeden viel zu tun, um die Rechtschreibung auf den neuesten Stand zu bringen. Was ist neu? Was bleibt beim Alten? Rechtschreibung 2000 macht Schluss mit der Verunsicherung. Alle, die die Reform nicht mehr in der Schule kennen lernen werden, können jetzt ganz gezielt umlernen – blitzschnell und effektiv! Auf leicht nachvollziehbare Weise werden die Änderungen in neun Themenbereichen vorgestellt und erklärt.

Doch was ist schon Theorie ohne Praxis? Abwechslungsreiche und motivierende Aufgaben sorgen für den Spaß beim Umlernen. Hat man einmal etwas falsch gemacht, helfen individuelle Fehlerrückmeldungen, den Fehler auch zu verstehen.

Außerdem bietet das Programm eine ausführliche Liste mit Wörtern des zentralen deutschen Wortschatzes, die jetzt anders geschrieben werden. Dort lassen sich Begriffe nachschlagen oder nach neuen Phänomenen zusammenstellen: z.B. Wörter, die künftig mit „ss" statt „ß" geschrieben werden.

Ideal für alle, die sich selbstständig und gezielt mit den Veränderungen vertraut machen möchten!

RECHTSCHREIBUNG 2000
Die Reform auf einen Klick
3-12-133020-9   DM 69,–   € 35,28

ab Win 95

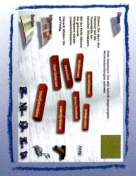

„Eine Stunde mit der CD-ROM-Rechtschreibung 2000... verschafft Durchblick. Einfache Bedienung, Informieren, Üben, Suchen – mit neuen Regeln ist man fit für die Zukunft."
Pro Sieben

Mathematik

Klasse 1 – 4

Aus dem Programm mathe 2000

BLITZRECHNEN

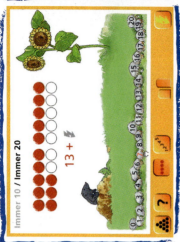

Diese innovative Programmreihe zum Kopfrechentraining enthält die zentralen Übungen zum Kopfrechnen der ersten vier Schuljahre. Grundschulkinder können hiermit die grundlegenden Rechenfertigkeiten spielerisch am Computer bis zu „blitzartiger" Sicherheit und Schnelligkeit einüben.

Selbstverantwortlich, nach eigenem Lernstand, üben: mit anschaulichen Zahlenbildern oder direkt mit reinen Zahlenaufgaben.

Und dies alles bieten die Programme Blitzrechnen:
• die Umsetzung des Blitzrechenkurses von „mathe 2000" • abgestimmt auf das ZAHLENBUCH • auch lehrbuchunabhängig einsetzbar • alle grundlegenden Übungen des Kopfrechnens • zur Festigung auch über die Grundschule hinaus • ruhige, kindgerechte Gestaltung • einfaches Handling, auch für 6-jährige Kinder • gerechnete Aufgaben können ausgedruckt werden • im Programm deutsche oder englische Version wählbar.

BLITZRECHNEN
Kopfrechnen im
1. und 2. Schuljahr
3-12-201000-3   DM 58,–   € 29,65

BLITZRECHNEN
Kopfrechnen im
3. und 4. Schuljahr
3-12-201003-8   DM 58,–   € 29,65

Auf der Wettkampfstufe zeigt sich, was man kann oder vielleicht noch etwas trainieren sollte.

MIT ALEX AUF REISEN

MIT ALEX AUF REISEN: DEUTSCHLAND
3-12-465011-5 DM 99,–
€ 50,62

Mit Alex, dem liebevollen und freundlichen Begleiter, gehen Kinder auf Reisen und entdecken Deutschland, fremde Kontinente oder aufregende Landschaftszonen. Diese Reihe zeichnet sich durch spielerisch selbstgesteuertes, interaktives und entdeckendes Lernen aus. Auf den Reisen gibt es viele interessante Informationen zu entdecken und vielfältigste Aufgaben zu lösen. Abwechslungsreiche Lernspiele, Funspiele und Kurzvideos erhöhen die Motivation. Ein Lexikon zum Nachschlagen und eine Karten- oder Kompasseinführung zur Vorbereitung ergänzen die Reisen. Alle Texte zum Ausdrucken und ausgewählte Grafiken zum Ausmalen. „Spielen und lernen."

MIT ALEX AUF REISEN: IN DEN REGENWALD
3-12-465020-4 DM 69,–
€ 35,28

MIT ALEX AUF REISEN: IN DIE WÜSTE
3-12-465030-1 DM 69,–
€ 35,28

KLEINER WELTALMANACH

KLEINER WELTALMANACH
3-623-46120-9 DM 39,80
€ 20,35

Die übersichtliche und schnelle Nachschlagehilfe für geografisch und politisch Interessierte:

- Basisdaten • Notizblattfunktion • Diagrammdarstellung und Vergleichsmöglichkeit von bis zu zwölf Staaten
- Sortier- und Suchfunktion • Druckfunktion • Spiel „Städte der Erde"

Geografie

ab 8 Jahre

Geografie/Politik

Jugendliche/Erwachsene

Mathematik

ab 12 Jahre

„Der Schatz des Thales ist das optimale Programm für Mathetüftler jeden Alters..."
Kindersoftware-Ratgeber (Thomas Feibel)

DER SCHATZ DES THALES

Ein fliegendes Objekt aus einer fernen Galaxis hat die Menschen im Dorf des Professor Thales in geometrische Figuren verwandelt – und das kurz bevor es explodierte! Jetzt gilt es, im Tal der Konstruktionen, am Grat der Bewährung oder auf dem Gipfel der Geometrie die Einzelteile wiederzufinden, um eine Gegenmaschine daraus zu bauen.

An die Fundstellen kommt man mit Lineal und Zirkel und einer gehörigen Portion Scharfsinn. Professor Thales steht mit Rat und Tat zur Seite – doch welch ein Jammer: Der gute Mann kann sich nur in geometrischen Aufgaben ausdrücken! Und die sind manchmal einfach, manchmal schwierig und manchmal ziemlich verwirrend.

Ob spielbegeisterter Anfänger oder wahrer Könner – wetten, dass hier Jeder Spaß an der Geometrie bekommt?

DER SCHATZ DES THALES
Leicht verzwickte Geometrie
3-12-136094-9   DM 69,–   € 35,28

Verkehrserziehung

ab 5 Jahre

SICHER AUF DER STRASSE

Gar nicht so einfach, sich im Straßenverkehr zurechtzufinden! In Jimmys Fahrradkurs lernen Kinder ab 5 Jahren, wie sie sicher am Straßenverkehr teilnehmen können.

Gemeinsam mit Jimmy und seiner Freundin Mütze radelt man durch die Stadt, lernt Verkehrszeichen, Verkehrsregeln und die wichtigsten Teile eines Fahrrads kennen. Warum hat das Fahrrad einen Rückstrahler und was bedeuten die Verkehrsschilder? Das Verhalten im Straßenverkehr wird in unterschiedlichen Situationen geübt. Wer hat hier Vorfahrt? Darf ich fahren, wenn der Polizist so auf der Kreuzung steht?

Lesen muss man noch nicht können: Alle Texte werden vorgelesen und auch die liebevoll gestaltete Oberfläche macht das Üben zum Kinderspiel. Jede richtige Übung wird belohnt – und mit so viel Sicherheit macht das Radeln erst richtig Spaß!

SICHER AUF DER STRASSE
Jimmys Fahrradkurs
3-12-135050-1   DM 69,–   € 35,28

ENGLISCH FÜR KIDS
FRANZÖSISCH FÜR KIDS

Auf nach England oder Frankreich und richtig was erleben! Englisch für Kids und Französisch für Kids begeistern durch tolle, kindgerechte Animationen. Im Zoo, auf dem Spielplatz, am Strand oder im Kino entdecken Kinder ihren ersten fremdsprachlichen Wortschatz. Jedes Wort und jeder Satz wird vorgesprochen. Die ideale Einstimmung auf den ersten Fremdsprachenunterricht!

ENGLISCH FÜR KIDS (ab 7 Jahren)
3-12-133111-6 DM 99,- € 50,62

FRANZÖSISCH FÜR KIDS (ab 7 Jahren)
3-12-133213-9 DM 99,- € 50,62

Win 3.x

SPANISCH ZUM THEMA
ITALIENISCH ZUM THEMA

Den Wortschatz schnell und gezielt erweitern: Nach Themen aus dem täglichen Leben strukturiert werden Vokabeln abwechslungsreich geübt. Vielfältige Abfragevarianten, Kontextübungen und die Aussprache eines Muttersprachlers helfen, die Fremdsprache zu meistern. Ob es um „Umwelt", „Ernährung" oder „Arbeitswelt" geht – jeder wird künftig erfolgreich mitreden können.

SPANISCH ZUM THEMA
3-12-135034-x DM 69,- € 35,28

ITALIENISCH ZUM THEMA
3-12-135029-3 DM 69,- € 35,28

RECHENRABE

Der Rechenrabe nimmt alle mit auf große Seereise oder in die Alpen! Unterwegs wird fleißig trainiert. Auf der Seereise finden Kinder auf den Lehrplan abgestimmte Übungen im Zahlenraum bis 1000. Zu den Aufgaben aus den Bereichen Arithmetik und Größen werden verschiedene Lösungswege aufgezeigt und die Lösung mit entsprechender Hilfestellung kontrolliert. In den Alpen entdecken Kinder spielerisch den Zahlenraum bis 1 Million: mit vielfältigen Übungen zu den Bereichen Arithmetik und Größen. Aussagekräftige Schritt-für-Schritt-Hilfen und leicht verständliche Merksätze ermöglichen völlig selbstständiges Lernen.

RECHENRABE 3
Auf dem Meeresgrund; 3. Klasse
3-12-238003-x DM 98,- € 50,11

RECHENRABE 4
In der Alpenlandschaft; 4. Klasse
3-12-238004-8 DM 98,- € 50,11

CENTENNIA

Der dynamische Geschichtsatlas für Schüler, Studenten und Geschichtslehrer, für Reisende, Historiker oder Geografen. Für alle, die an unserer sich schnell ändernden Welt interessiert sind, Centennia vermittelt historische Zusammenhänge anschaulich im Zeitraffer. Detaillierte und sich dynamisch verändernde Karten zeigen Aufstieg und Niedergang vieler Reiche und über 9.000 Grenzverschiebungen in Europa und im Mittleren Osten vom Jahr 1000 bis 1994.

CENTENNIA
3-12-133304-6 DM 69,- € 35,28

ab 386er

41

Beratung

Haben Sie noch Fragen rund um unsere Software? Sie erhalten kompetente Informationen über Programminhalte, Systemvoraussetzungen oder auch zu Preisen und Konditionen beim Softwarekauf. Oder Sie probieren unsere Software selbst aus: Fordern Sie einfach unsere kostenlose Demo-CD (P 893417) mit spielbaren Softwareproben und Dia-Schaus an. Auch unser Serviceteam berät Sie gerne, damit Sie die passenden Programme zum Lerntyp und Lernziel Ihres Kindes finden.

Sprechen Sie mit uns:

HEUREKA-Klett Softwareverlag
Kundenservice
Postfach 1170
71398 Korb

Telefon 0711/6672-1333
Fax 0711/6672-2080 oder
E-Mail: klett-kundenservice@klett-mail.de

Hotline

Voller Service auch nach dem Kauf: Sollten einmal Probleme bei der Installation oder beim Betrieb unserer Software auftreten, steht Ihnen unsere technische Hotline mit Rat und Tat zur Seite. Die Telefonnummer finden Sie in der Bedienungsanleitung Ihres Programms.

UNSER SERVICE FÜR SIE

Wo erhalten Sie unsere Lernsoftware?

Buch- und Fachhändler in Ihrer Nähe bieten Ihnen kompetente Beratung, die neuesten Demo-CDs und einen guten Überblick über unsere Lernsoftware. Immer häufiger können Sie sich dort sogar ganz gezielt das Produkt, das Sie interessiert, vorführen lassen. Lernsoftware von HEUREKA-Klett erhalten Sie

- in Buchhandlungen (in der Abteilung für Schulbücher, Lernhilfen oder in der Softwareabteilung)
- im EDV- oder Elektronik-Fachhandel (Softwareabteilung)
- in Kauf- und Warenhäusern (Softwareabteilung)

Sollte kein Händler in Ihrer Nähe sein, können Sie auch gerne direkt mit uns sprechen.

Room where Staufen history is documented and the Barbarossa Church

Ducal fortress of Hohenstaufen about 1475 (model)

...en-Tympanon (copy), Strasburg, Beg. of 13th century

...aufen sculptures (copies)

The consciousness of being one of the towns founded by the Staufen dukes, which has always been present in Göppingen and gained strength again since the nineteen-fifties, together with the uniting of the village of Hohenstaufen with Göppingen in 1971 led, in the "Staufen Year" 1977, to the establishing of a room in which Staufen history is documented at the foot of the historic "Kaiserberg". This room is to fulfil and realise three aims. Firstly it records the history of the mountain, the ancestral seat of the Staufen dynasty, and the structure of the fortress in the progress of time. In alternating exhibitions it informs at the same time about themes from history, art and culture of Staufen times. Lastly the room contains several excellent copies of world-famous sculptures belonging to that epoch which express the stimulating strenth of the Staufen dynasty in many fields of art and their respective regional characteristics.

Room where Staufen history is documented
Kaiserbergsteige 22,
Göppingen-Hohenstaufen

Opening times:
Mid-March – Mid-November
daily from 10–12 o'clock
and 14–17 o'clock
(Admission free)

Herausgeber:
Bürgermeisteramt der
Hohenstaufenstadt Göppingen

02/79/30

Fotos: Dehnert, Göppingen

Grafik: Schöllhammer,
Albersahausen

Reproduktion: Schaul+Schniepp
GmbH, Göppingen

Druck: Jungmann GmbH & Co.,
Göppingen

Hohenstaufen Stadt Göppingen

Historical and Geological Records

Museum in the "Storchen"

The valuable and interesting relics of ancient times, which had already been collected in Göppingen since 1914 and were in the keeping of the Göppingen Historical and Archaeological Society, were able to be shown from June 1931 onwards. After the collections had been reclassified and given to the town, the Town Museum in the "Storchen" building opened its doors on 3. July 1949.
Since 1955 a full-time archivist has been in charge of it who, from 1959 onwards, has classified the items of this more encyclopaedically orientated museum on a new basis.
In doing this it became apparent that two scientific collections would have to be separated in the interest of expediency. This happened in 1970 through the creation of the town's Natural History Museum in Göppingen-Jebenhausen. Other considerations referring more to the Staufen founders of the town and which were so much the more justified since the inclusion of the village of Hohenstaufen within the Göppingen boundaries led, in the "Staufen Year" 1977, to the establishing of the room where Staufen history is documented in Göppingen-Hohenstaufen.
Information: Archives and Museums

"Augustalis" piece of gold from the time of Frederick II (Beg. 13th cent.)

Deathmask of Hildegardis von Büren-Egisheim, (died 1095)

"Peasant children" by J. Grünenwald (about 1860)

Göppingen Porcelain, (2nd half of 18th century)

Palm Sunday Donkey (about 1680)

Earthenware centre-piece of stove (about 1650)

Toys

"Woman of Göppingen", engraving (19th century)

The Town Museum "Storchen" was opened on 3. July 1949 as the first creation of a museum in Württemberg after the Second World War. It ranks among the most well-known museums of all middle-sized towns in Baden-Württemberg and has its own special character.

The building which was constructed in 1536 as the town castle of the Barons of Liebenstein today houses seven large sections of the museum. The inhabitants of Göppingen affectionately called it the "Storchen" after an old 19th century hotel of the same name with its stork's nest. Staufen history, art and culture are presented in the "Stauferhalle" in the form of excellent exhibits. Art, represented by expert artists known within the region as well as further afield, is shown in significant pieces dating from the 18th and 19th centuries in painting, mezzotint-engraving and sculpture. Göppingen porcelain, with some exquisite pieces, belongs to the field of applied arts. Old pictures of nearly all the places in the district and many records about the history of the town justify the character of an important museum of high rank in which even religious art is not to be found missing. Middle-class and rural living create an atmosphere of the classical "Heimatmuseum" (Folklore Museum) whereas the well-known collection of toys both rare and worth-seeing from a qualitative and quantitative point of view makes the hearts of both young and old beat faster.

Town Museum "Storchen"
Wühlestraße 36
Opening times:
Wed., Sat., Sun. and Holidays from 10—12 and 14—17 o'clock
(Admission free)

The town's Natural History Museum in Göppingen-Jebenhausen is based on two natural history collections which have been housed here since 1970. During the nineteen-twenties the town acquired a large part of the fossil collection belonging to the Vicar Dr. Theodor Engel, who studied and collected the flora and fauna fossils of the Swabian Jura" together with the Tübingen geologist F. A. Quenstedt. Thus several thousand fossils from all layers of the Swabian Jura have become objects worth seeing for both collectors and other interested people. The same can be said for a valuable and attractively presented collection of birds which is able to fill both ornithologists as well as the younger visitors with enthusiasm. In attempting to follow the traces of life from the prehistoric time of the fossils up to the colonization of our land by the Alemannians, this museum consequently possesses a small collection of exhibits found in our area which date from prehistoric and early historic times.

Last but not least the "genius loci", i.e. the history of the Bathhouse built in 1610 and its tradition as well as the history of the village of Jebenhausen should not be forgotten either. The latter, which was considerably characterized by a Jewish settlement in the 19th century, had been included in the Liebenstein estate in 1777.

Natural History Museum
Boller Strasse 102,
Göppingen-Jebenhausen

Opening times:
Mid-April — beginning of November. Wed., Sat., Sun. and Holidays from 10—12 and 14—17 o'clock
(Admission free)

Saurian, lias epsilon

Sea-urchin with belemnite

Ammonite with lobed lines

Glass show-case with birds

Public-house sign "König David"

Jewelry (Alemann...)